U0113620

PUHUA BOOKS

我们一起解决问题

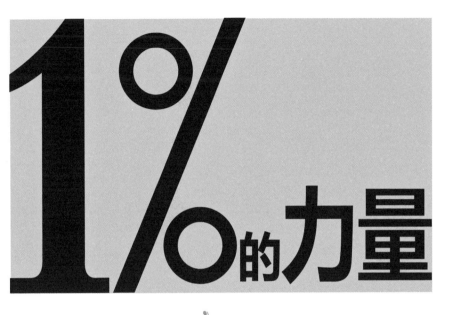

1%的力量

神奇的28天日常改变

陶红润◎著

人民邮电出版社

北　京

图书在版编目（CIP）数据

1%的力量：神奇的28天日常改变 / 陶红润著. -- 北京：人民邮电出版社，2024.3
ISBN 978-7-115-63839-7

Ⅰ．①1… Ⅱ．①陶… Ⅲ．①成功心理－通俗读物 Ⅳ．①B848.4-49

中国国家版本馆CIP数据核字(2024)第029545号

内 容 提 要

人生的成长，始于自我觉醒；人生的进步，始于改变自己。

很多人都会将"改变自己"挂在嘴边，但是真正付诸行动的人少之又少。为什么改变自己这么难呢？可能是你把这件事想得太复杂了，或者你还没有遇到真正促使你做出改变的时机。

人们往往会认为，只有遭遇大的变故才会发生大的改变，其实，生活中的一些细节和那些细微的力量也会使人慢慢发生变化。本书作者从睡眠、饮食、情绪和行动四个方面入手，教人们从微小之处稳定内核，投入当下。只要你能坚持28天，生活状态就会变得更好。

本书适合渴望让自己变得更好的读者阅读。

◆ 著　　陶红润
　　责任编辑　刘　盈
　　责任印制　彭志环

◆人民邮电出版社出版发行　　北京市丰台区成寿寺路11号
邮编 100164　电子邮件 315@ptpress.com.cn
网址 https://www.ptpress.com.cn
三河市中晟雅豪印务有限公司印刷

◆开本：880×1230　1/32
印张：6.75　　　　　　　　2024年3月第1版
字数：70千字　　　　　　　2024年3月河北第1次印刷

定　价：59.80元
读者服务热线：（010）81055656　印装质量热线：（010）81055316
反盗版热线：（010）81055315
广告经营许可证：京东市监广登字20170147号

你是不是对生活不太满意？这是我很爱听的一首歌《去大理》的第一句话。

也许很多人的回答是：是的，我想改变自己的生活。

改变生活的方式有很多种，考研、换工作、到一个新的城市生活。这些方式听起来非常振奋人心，但每个彻底打破人生原有布局、重新来过的决定都非常难做。这需要你孤注一掷的奋斗和破釜沉舟的勇气，太多的人还没有开始就已经半途而废了，只有极少数的人能实现目标。

你有没有想过，可能你已经在河对岸了。我们一直在寻找更好的生活，却没有把当下的生活过好。未来是什么？未来等于一个当下加一个当下加一个当下，等于若干个当下的累加。这本书就是在分享如何把当下的生活过好。

学会穿搭是过好当下的生活吗？是！

学做一道拿手菜是过好当下的生活吗？是！

去体验蹦极是过好当下的生活吗？是！

但我不分享这些，因为生活是有权重的，哪些事情在你的生活中权重最大，我们就去优先改变它。就像你要重新装修房子，是地板颜色对房子的风格影响大？还是某个水龙头的材质更能凸显你的风格？显然是地板。

本书从睡个好觉、好好吃饭、情绪稳定、投入行动这四个简单易行又足够重要的方面入手，教你一步步改变生活。

为什么要优先在这四件事中投入呢？

因为这四个方面是二八定律中的二，做好这四件事可以增加 80% 的幸福感。人是一个非常复杂的系统，这四个要素缺一不可又互相影响。

这本书提供了一步一步改变生活的方法。大到引导你想清楚未来的人生目标，小到教你如何挑选窗帘，内容既细致、实用又贴心。生活就是这样，既要有灯塔指引你前进，也离不开每一次划桨前行。

互联网上的很多小贴士确实很管用，如2分钟海军入睡法，你跟着做2分钟，大概率能快速入睡。但这依旧没有解决你长期睡不好的问题。你既需要站在高处俯瞰城市的全貌，也需要进入每一栋大厦里抚摸冰凉的砖，这样你对这个世界的理解才是深刻的。本书的特色就是操作性和系统性强，能帮你找到问题的根源，并给出解决方案。

我有很多次可能滑向社会的另一端，打架辍学、失业、未婚先孕。但我没有，现在的我努力读书、勤勉工作，把社会责任当作是自己的责任，生活满足，心里有梦。这一切都是因为阅读，我只要读到了有用的知识，就会把它用起来。这本书里的所有方法都是我认真践行过的。今天我把自己私藏多年的方法毫无保留地分享给你。期待你用过这些方法后，生活实实在在地发生一点改变。

我家以前开服装厂，有些工人缝口袋的时候特别敷衍，有些工人就会缝得特别仔细。有一次我看到一则新闻，一个高考生把身份证放在口袋里，但口袋漏了，他的准考证丢了，就只能再等一年才能参加高考。一个人的一个动作居然可以对另一个人产生如此大的影响。所以，人要认真工作，因为他可以让这个世界变得更好。我想感谢每一个认真工作的人。

我要感谢我的家人，他们帮我承受压力并给我动力，让这本书得以面世。

最后，我想感谢每一位读者，感谢你的自我关怀和蓬勃发展。生命爱你，一如既往！好好爱自己！

目
录
/
Contents

第一周

[ONE]

睡个好觉

你认为缓解压力、改变人生的第一步是什么？减肥、整容改头换面，还是换工作、换朋友，抑或是把手机丢一边去大山里修行？

如果你有条件，确实可以肆无忌惮地选择逃离。但对于普通人来讲，生活的压力会一直存在，小城镇的生活压力并不一定比一线城市小。难道生活就只能这样过下去吗？不用灰心！有一种积蓄力量、改变现状的方式，那就是竭尽全力睡个好觉。

很多人低估了睡个好觉的重要性！你可以将自己睡好了与没有睡好之后的状态对比一下，你的情绪如何？工作效率如何？是不是截然不同？

当你睡好了之后，你的情绪会更加稳定、可控；你的精力会更加充沛，可以完成更多的事情；你工作起来会更加高效，可以更好地实现工作与生活的平衡。

本章将教会你如何睡个好觉，获得积极的正向循环。

第一天 放下你的睡眠执念

你是主人公吗

凌晨两点半了，小桃依然睡不着，爬起来看了一会儿书后还是睡不着，就打开微信漫无目的地刷了一会儿。放下手机之后，她以为自己能睡着，结果又开始担心明天的工作状态，这下更睡不着了。

接受失眠是常态

这样的场景你熟悉吗？如果是，就说明你是个"正常人"，正在经历很多职场人的痛苦。

有些人很幸运，可以睡个好觉；有些人则比较辛苦，几乎半辈子都在和失眠做斗争。

睡个好觉的第一步是什么？不是学习睡好的方法，而是要接受"失眠是常态"。

失眠可能是以下原因造成的：

- 白天喝了奶茶或咖啡；
- 做了噩梦；
- 工作上的琐事太多，明天还要做汇报。

除了上面这些琐事，还有一些无法掌控的事情，如你的卧室里出现了一只你拍不到也打不死的蚊子。

面对这些情况，你需要做的就是放下对"睡着"的执念，接纳睡不着的自己。

换个角度看，睡个好觉就是照顾自己。如果在睡不好的时候，你还苛责自己为什么睡不好，这就变成了自虐。

当我们经历失眠的时候，不妨把时间和空间拉长、拉大，从更高的角度看，失眠的困扰算什么呢？我们个体又算什么呢？

请放下"我理所应当能睡个好觉"的执念，因为任何事情都不会完全按照你的意愿发展。

不要再次伤害自己

人的矛盾之处就在于，既觉得自己很能干，应该能够把控所有，又觉得自己很差劲，一事无成。

- 如果我睡不好觉，明天一定是糟糕的一天；
- 我明天要汇报，如果汇报不好，我可能会失业；
- 我的心眼太小了，什么都装不下，连睡个好觉都做不到。

上面这些想法只会让你更难入睡。如果你是一个"资深"的失眠者，这些想法可能折磨你很久了；对于刚刚开始失眠的年轻人来说，你可能要花上三五年与自己的想法对抗，青春和光阴都蹉跎在无用之事上，这个代价未免太严重了些。

不要认为自己不该有这些想法，也不要评判这些想法的对与错，你就问问自己，这样想可以帮助你睡着吗？可以帮助你变得更好吗？所以，不要在已经备受失眠之苦时再伤害自己。

聪明的人失眠时在想什么

我一直认为，聪明的人不会失眠。因为他们能看清真相，并能为明天的问题提供简明的解决方案。

例如，你躺在床上翻来覆去睡不着，可能会有低落、担忧、挫败、疲惫的情绪，你的想法可能是"再这样下去我就要生病了"。

傻乎乎的人因为相信自己的这个想法，所以真的生病了。

聪明的人会看到更加有利于自己的方面。

例如，"我这周只有 2 天到了夜里 1 点才睡着，有 3 天是晚上 9 点就睡了的""我白天可以正常完成一些简单的工作""只有我一个人睡不好觉吗？睡不好觉一定会生病吗？"

当你能够这样问自己一些问题时，"你一定会生病"这个想法的说服力就会减弱，你的恐惧和担忧也会减少。

你还可以问问自己：

- 这些坏事发生的可能性有多大？

- 我能确定它一定会发生吗？

- 以往发生过吗？

- 即使我一晚上没睡，最坏的结果是什么呢？

- 我有过一晚上没睡的经历吗？

- 我现在可以做点什么来减少我的损失呢？

善于还原事实、实事求是的人才是智商高的人。

真正有智慧的人会用以下建设性的方式来安慰自己。

- 我能理解自己想要睡个好觉的想法，因为我明天有许多重要的事情要处理。感觉不好并不意味着坏事一定会发生。

- 我是个很认真、很负责的人，我相信即使一次没有表现好，别人也不会苛责我。

- 应激性失眠是件挺痛苦的事情，你应当给辛苦的自己一个大大的拥抱。

- 放下试图掌控睡眠的愿望。

- 你没有自己想象的那么糟糕。

- 傻傻的人只关注那些支持负面想法的信息，聪明的人则会更加客观全面地评估现状。

失眠的人要多用建设性的语言安慰自己，就像安慰一个正处在困境中的朋友。

第二天　你的睡眠知识是对的吗

你是主人公吗

昨天我一晚上都没睡。

我没睡够 8 小时，状态肯定不会好。

我做了很多梦，睡得好差劲。

我半夜 2 点睡、上午 10 点起床，这不算熬夜吧。

如果你曾说过以上的话，就说明你并不了解睡个好觉是怎么回事。

- 你戴一次睡眠仪就会知道人不可能一晚上没睡。
- 8 小时睡眠并不是黄金铁律。
- 正常人都会做梦，梦只是大脑发送的随机信号而已。
- 如果你能坚持每天半夜 2 点睡、上午 10 点起床，就不算熬夜，而只能算晚睡。但你不能第一天半夜 2 点睡，第二天晚上 9 点睡，这样就太伤身体了。

怎样才算睡得好呢

睡得好有两个方面的标准：一个是睡得足够规律，另一个则是睡得足够久。

睡得足够规律是指每天入睡和起床的时间偏差最好不要超过半小时。

2017 年诺贝尔生物学奖获得者研究的"控制昼夜节律的分子机制"表明，只要坚持良好的生活习惯就可以让我们睡好。

　　每天同一时间起床，晚上困了才去睡觉，白天不补觉。为什么说这是个良好的生活习惯呢？因为身体可以形成强大的生物钟，它知道到点了，我该醒了；到点了，我该睡了。白天不补觉，你还可以形成足够的睡眠驱动力。也就是说，你足够困，身体自然而然地会让你睡着。

　　对于睡得足够久这个标准，不同的人有不同的睡眠需求，随着年龄的增长，你需要的睡眠时间会越来越少。不同的人群在睡眠时长方面也存在着差异，有的人只需要睡 4 个小时，就可以保证一整天精神抖擞；但有的人不睡足 8 小时就会觉得无精打采。

　　所以，如何判断怎样才算睡得好，需要结合睡眠规律以及自己的主观感受，即白天不会感到困倦。

　　那么，你会不会有这种情况——即使睡了很久也很有规律，白天依旧感觉很累？这可能是因为你的深睡眠不够。

你的深睡眠够吗

睡眠可以分为几个循环，一个循环大概是 90 分钟。一个循环里面又会经历浅睡眠、深睡眠和快速眼动睡眠三个阶段。

在浅睡眠阶段，肌肉没有完全放松。在快速眼动睡眠阶段，大脑没有完全放松。只有在深睡眠阶段，脑电波处于慢波状态，身体才会稳定分泌生长激素，帮助身体修复。

所以，并不是你睡的时间足够长就意味着有好睡眠。喝酒、喝咖啡、白天午睡时间过长、睡前玩手机等很多活动都会刺激大脑过度活跃，让你停留在浅睡眠阶段。

一般来说，深睡眠占总睡眠时长的 25% 左右，也就是 2 个小时。睡眠的后期（大概凌晨 2 点后）深睡眠就会减少，这就是倡导大家要早睡的原因。

什么是心理失眠

有一种没睡好，叫你觉得你没睡好！

很多时候，客观数据证明你睡得还可以，但你还是会觉得"我的睡眠很糟糕"。

你会不会认为每天都准时入睡和醒来,睡眠过程中不能有任何小插曲,这才是睡得好?这说明你对睡眠的要求太苛刻了。

有相当一部分成年人会出现间歇性失眠,甚至有人存在慢性、持续性的睡眠困难。

除了上述严重的睡眠障碍,大多数人还存在一些微小的睡眠问题。所以,你偶尔睡不好也是正常的。

当你审视了自己的睡眠情况后,如果发现不舒服的状态已经持续很久了,就要及时咨询医生,由专业人士判断你是否存在睡眠障碍,不要自己吓唬自己。

除此之外,慢性疼痛、更年期(女性)、前列腺疾病(男性)、甲状腺功能异常、抑郁症、焦虑症等因素也会引起失眠。

身体的异常感觉就是在给我们传递信号,让我们及时调整生活方式。不要忽略身体信号,更不要责怪身体。早确诊、早治疗,失眠没有那么可怕。

第三天　少花钱也可以睡个好觉

你是主人公吗

你用什么样的枕头？填充物是荞麦、决明子还是棉花？

你卧室的墙是什么颜色的？被子又是什么风格的？

你用什么姿势睡觉？趴着、左侧卧还是右侧卧？

大多数人睡不好觉，是因为心理压力过大，其中经济因素占了很大比重。简单来说，多赚钱、会省钱是缓解压力的一个有效策略。

可是，很多人越睡不好，就越舍得花钱，把眼罩、泡脚桶、褪黑素、营养补充剂等通通搬回家。到最后你会发现，花了很多钱，你还是没睡好。我能够理解你想要睡好的需求。只是你有没有想过，知识也可以帮你睡个好觉。

别总想着花更多的钱来解决烦恼，你要科学利用你的资源，因为你的认知也是你的财富。

我曾花过大概 1000 元钱来改善睡眠，其中最有效的就是我的遮光窗帘。

所以，在遇到问题的时候，要先分析，确定是哪些因素影响了你的睡眠，之后再对症下药。

影响睡眠的因素

1. 光线或电子设备

大脑是靠光线来感知昼夜的，所以外界的光线会干扰你的睡意。电子设备会释放蓝光，抑制你的褪黑素分泌，让你变得非常清醒，难以入睡。

2. 声音

有人喜欢在睡前听音乐，以此缓解孤独，但这样会使你的情绪产生起伏，大脑更加兴奋，反而睡不着。你可以选择替代方案，如做一次安睡冥想，它会让你的情绪变得平稳，更容易入睡。

3. 温度和湿度

室温过高或过低都会导致你睡不好觉。所以，建议你利用空调、加湿器等设备将室内的温度和湿度调节到最适合的区间。

4. 伴侣

如果你是喜欢熬夜的"猫头鹰"，而他是习惯早起的"鸟"，你们的睡眠节奏就会互相影响。解决这种问题的方式是分房而睡，让彼此拥有自己的生活节奏和空间。只要沟通好，大多数的问题都可以解决。

5. 吃、喝、去洗手间

吃太饱、喝太多水、频繁去洗手间也会中断你的睡眠。所以，睡觉不是在睡前才开始准备的事情，而是在落日的时候就开始了。不要奴役自己的身体，让身体变成一个消化食物的机器。吃喝玩乐只是载体，自身的体验更为重要。

6. 运动

运动少了，人不累，就不容易入睡；而睡前进行剧烈运动，也不容易入睡。建议你在白天抓住一切可以运动的机会，如走楼梯、去快递柜取快递、多起身去接几次水、自己买菜做饭或出门吃饭。

枕头的人体工学

虽然被称作枕头，但它并不是用来枕头的，而是用来枕脖子的。

大多数人要睡足 8 个小时，也就是一天中有 1/3 的时间是在床上度过的。花时间选一个好枕头，我认为很值得！

首先，枕头的材质没有枕头的形状重要，建议每隔
12 ~ 18 个月更换一次枕头。

其次，要考虑什么形状的枕头可以枕住脖子。

你的颈椎有天然的生理曲度，所以枕头在承托住你的脖
子的同时，还要承托住你的头。

如果枕头过矮或不枕枕头，你就会在不知不觉中张开嘴
巴呼吸。

也就是说，如果你没有选到一个合适的枕头，你的颈
椎一整晚都会处于受力的、不舒服的状态，起床后肯定会不
舒服。

床的人体工学

床太软或太硬都是不行的。

如果床太软，就承托不住你的身体，你的腰椎就会塌下
去；如果床太硬，你就像坐在实木椅子上，会感觉非常硌。
这些都是不利于睡眠的。

床的弹性和承载度是需要兼顾的，选择床垫的最好方式

就是你躺上去试，试到满意为止。

很多人都会这样，买衣服的时候"挥金如土"，买床垫的时候"缝缝补补"。宁愿买更好看、更精致的衣服，也不愿意给自己买最舒服、性价比最高的床垫。

要想睡好，还有一个关键点就是睡姿。

不需要肌肉额外用力、不会与身体产生对抗的姿势就是最好的睡姿。

趴着睡、踡着睡是不建议的睡姿。

仰卧和侧卧这两个睡姿都会让你睡得很好。

第四天　床是用来睡觉的

你是主人公吗

小丽觉得很困，可为了等小明的消息，就带着手机上了床，结果和朋友聊天越聊越兴奋。之后她开始吃零食、刷剧，还端起了刚才没有喝完的奶茶。结果，她到了凌晨 2 点还没有入睡，并且困意全无。

你会把手机带上床吗？如果会，你就一定要看以下内容。

很多人远远低估了上床看手机、看书、思考问题带来的坏处，并任由这些"小确幸"毁掉了生活。

如果你经常在床上做其他事情，等于你就是在无意识地训练你的身体——在床上保持清醒。

人是对环境产生反应的生物。当下是什么样的环境，身体就会产生什么样的反应。如果在这张床上，你曾经快乐过、焦虑过、抑郁过，就更容易调动起这一部分的情绪，甚至一看到床，就会涌起带着情绪的记忆。刷短视频入睡并不只是推迟了入睡的时间，更多的是，它让床变成了一个竞技场——什么事情都在上面出现，什么情绪都在上面涌现。你怎么可能还会有睡意呢？

所以，你如果想读书就去书桌，想刷视频就去沙发，想吃东西就去餐桌。如果你的房间很小，那么你可以充分利用社区资源，去图书馆、咖啡厅或快餐店。

简而言之，除了睡觉，什么事情都不要在床上做。

理解自己想要带手机上床的需求

每个熬夜玩手机的人都很痛苦，因为他很难改变这种睡不好、无精打采、情绪糟糕的状态。

你要明白一个道理，不是越痛苦你就越有动力改变，而是越痛苦的事情就越难改变。

所以，不要责怪自己，毕竟你因为这件事情正在受苦。

这就是自我关怀——我能够理解自己过得并不容易，我要玩手机才能安心一点。

你也要问问自己，玩手机的目的是什么？

也许，你是想要获取和人的连接感；想逃避烦恼和困难；想摆脱无聊、不开心的情绪；想把手机当作学习知识的工具，等等。

既然如此，你需要做的就是满足玩手机背后的需求。人会渴望和他人产生连接，在一定程度上趋利避害，我们不能强行压制这样的需求。因为情感需求和吃饭、睡觉是一样的，如果你想要联系他人，就走出去约朋友面对面聊天吧！

下定决心并且有信心改变

很多人已经养成了习得性无助，必须时刻拿着手机；本来只是想要用手机处理个消息，结果很快就被卷到短视频里。

另外，手机已经变成了人们下班回到家之后的唯一寄托。甚至有人引以为荣，说我晚上能熬到几点；或者在大家的安慰中，得到了群体认同，因为我知道某件新鲜事，知道某个人又上了热搜。

大多数人都是一边羡慕着别人的自律，一边自我安慰，给放纵的行为找一堆借口。

你知道吗？自律不是一种能力，而是一种价值观的选择。

当你意识到自己处于"晚上熬夜很清醒，白天就懊悔"的状态时，你是能够选择的。

你可以选择按时睡觉，也可以选择继续熬夜。虽然你并不一定能做到，但你依然可以问自己：这个行为会帮助我过上自己想要的生活吗？

价值观的驱使只是一种动力，能不能实现目标还需要其他能力的配合。但价值观是一个基地，会给你的生活提供一种土壤，种出你想要的生活。

原谅一切不可原谅之事——接纳自己

网上有无数的短视频在教你，如何在 3 分钟内戒掉短视频。这真是一件很滑稽的事情。

为什么会有这么多戒掉短视频的方法，就是因为大家做不到马上放下手机。

当你下定决心要放下手机时，你依旧有可能被手机"勾了魂"。人的惯性非常强大，原本计划在早上开启一天的学习，但凡早上有点不顺心，这一天就开始破罐破摔。戒断手机也是如此。

你可以下决心，从现在开始放下手机，做到了就做到了，即使某个时刻没做到也要放过自己。夜里 12 点没有放下的手机，到凌晨 1 点放下了，也是进步，不是非要熬到凌晨 3 点。

还有就是阶段的问题。你 20 岁的时候没病、没痛、没灾、没难，你可以轻松面对生活的压力，做到早睡早起。但到了

25 岁，你可能就不一样了，你有了工作，人际交往压力更大了。到了 35 岁，你有了完全不可控的孩子。所有的环境变化都会让你发生变化。你不需要时刻保持规律性的生活，灵活也是一种智慧。每个当下都可以重新开始，不要为落山的太阳难过，不然你会错过闪耀的群星。

第五天 节制，好睡眠方能长久

你是主人公吗

昨天晚上没睡好，今天我要早点睡。

白天没什么事，我就多睡一会儿吧。

只要我可以提前上床，就多睡会儿呗，我实在是太困了。

如果你一不小心这么想并这么做了，那么你要好好看下面的内容。

正因为睡眠很重要，我们才愿意花很多的时间去睡个好觉，但结果往往适得其反。你越努力，可能越睡不好。就像我们越爱孩子，抓得越紧，可能会更快地失去他们。

但是，无为不等于什么事情都不做，要做到聪明的有为。

如何形成强大的睡眠驱动力，做到倒头就睡呢？你可以参考下面这些公式：

- 睡得多香 = 多想睡 − 睡不好的障碍
- 多想睡 = 身体节律保持惯性 + 多久没睡觉（欠了多少睡眠债）
- 睡不好的障碍 = 你对睡眠的态度 + 你睡前的身体状态和环境情况 + 影响睡眠的行为

从上面的公式中我们可以看出，睡眠不足是个谬论。因为人睡觉就像饥饿一样，只要足够饿，就会想吃饭。

睡不好觉大多是因为你的生物钟没有形成惯性。

你一定知道惯性的力量有多大，当公交车突然刹车的时候，你是不是会跟着往前扑？所以，我们要利用好睡眠的惯性。

具体措施是每天坚持同一时间起床，不管前一晚睡得多么糟糕，你都要在同一时间起床。同一时间起床、同一时间入睡，身体会逐渐适应在某个时间点自动苏醒和自动入睡。如果你每天起床和睡觉的时间点波动都很大，你就是在让自己倒时差。

利用好了惯性，下面我们就来帮助大家制造睡眠压力，也就是制造睡眠缺口。

避免白天睡太久

强烈建议不要白天睡太久。你越是睡不好，就越想白天补觉。即使你真的非常想睡觉，也要保证午睡不要超过 1 小时，并且一定要在下午 3 点前醒来。

虽然白天补觉会让你的精神状态更好一点，但它会削弱你晚上入睡的动力。

- 假设你每晚睡 9 小时才能在白天保持良好的状态。如果你白天睡了 3 小时，那么晚上你就只需要睡 6 小时。
- 你 7 点起床，并且中午没睡觉，到晚上 10 点，你就已经连续清醒 15 小时了。如果你中午 2 点醒来，到晚上 10 点，你就只清醒了 8 小时。

这样对比，是不是不午睡，晚上才会睡得更快、更香。

困的时候才去睡觉

建议你只有等到非常困的时候再去睡觉。不要告诉自己，我今天一定要几点睡，尤其是当你很多次都很早上床却睡不着的时候。

你只需要保持每天在同一时间起床，白天不午睡，很快你就能做到"到点就困"。

确定什么时候上床、什么时候起床

长时间躺在床上，并不会让你睡得更久，反而会让你有睡不好的挫败感，所以你需要限制自己躺在床上的时间。你可以通过参考你的睡眠日志，来确定你需要在床上躺多久。

应该躺在床上的时间 = 睡眠日志中平均睡着的时间 +30 分钟。

睡眠日志中的数据如表 1-1 所示。

表 1-1 2023 年 9 月 6 日的睡眠日志

日期	2023 年 9 月 6 日
白天小睡几次	2 次
白天小睡各自多长时间	1 次是 15 分钟，1 次是 2 小时
什么时候躺床上	21:50
什么时候试图入睡	22:00
花了多长时间睡着	大概 2 小时，12 点左右睡着
中途醒了几次	2 次
中途醒来的时间总共有多久	大概 35 分钟
最后一次醒来是几点	5:05
几点起床	7:40
备注	

躺在床上的时间 = 白天躺在床上的总时长 + 晚上躺在床上的总时长 =2 小时 15 分钟 +（21:50–7:40）=13 小时 5 分钟

睡着的时间 = 躺在床上的时间 – 在床上玩的时间 – 入

睡花的时间－中间醒来的时间－早上赖床的时间=13小时5分钟－10分钟－2小时－35分钟－2小时35分钟=7小时45分钟

也就是说，你花了13小时5分钟躺在床上，却没有睡够8小时。睡眠效率低于60%，你就会感到不开心。

接下来教你如何计算应该在床上躺多长时间。

你睡着的时间再加上30分钟，就是你需要躺在床上的时间。

- 你每天只有330分钟是睡着的；
- 你需要的睡眠时长是330+30=360分钟；
- 你想早晨7点起床；
- 你应该夜里1点睡觉；
- 如果你觉得入睡时间太晚，你可以晚上11点睡、早晨5点起床。

当你限制自己的睡眠时间时，你可能会在白天犯困，晚上想提早睡觉。千万不要！因为我们不只是追求一个晚上睡好，而是要养成长期的睡眠习惯。坚持按时上床睡觉，每天早上闹钟一响就起床，这就是睡好的秘诀。

　　能否睡好并不是我们可以掌控的，我们能够掌控的只有自己的行为。

第六天　以感恩的态度回顾你的生活

你是主人公吗

有一天我问爸妈，你们见过的最坏的人是谁？

原本以为在商场摸爬滚打多年的中年人会咬牙切齿地说出某个人的名字。

没想到他们只是随口回了一句："大家都挺好的，生活不容易，我们感激他们对我们的坏并不多。"

对待坏人尚且如此，我们更要对自己好一点啊。

改变的关键在于看到自己的改变，即使这个改变微乎其微。

按照前文所述的方式实践后，或许你能睡个好觉，或许你的睡眠依旧很糟糕。此时后者就开始怀疑，我们还是那个能掌控自己人生的人吗？

面对这样的习得性无助，你该如何解决呢？

一是一旦你不再把问题当作问题，问题就不再存在；

二是找回掌控感和主动权，让我们增加自己的力量；

三是对生活心怀感恩，对自己充满感激之心。

寻找问题积极的一面

你觉得失眠有好处吗？很多人肯定会说，失眠怎么可能有好处，你是没有经历过吧？

我当然经历过，并且从中体会到了一些好处。

- 我会利用失眠的时间看以前一直想看的书、一直没看的电影。

- 夜深人静的时候，起床看月亮都觉得分外投入。

- 失眠打破了我的常规睡眠模式，使我获得了一个新的体验。

- 平时我不会允许自己展现出脆弱的一面，但会和朋友吐槽失眠，这样一来，我们的感情都变好了。

- 正是因为有过失眠的经历，我才能感同身受到什么叫"成年人无法应对的问题和痛苦"。

- 我认识到，失眠是一件越努力就越完不成的事情。把这种认知延伸到生活的方方面面之后，我就会用放松、不执着的态度去面对人生中的难题。

这样一想，失眠也没有那么可怕。

认可自己的努力和进步

很多人有一种习惯，就是某件事情完成得很成功，但他们会说这并不是我的功劳，只是幸运而已。人定胜天这句话是有道理的。一定是因为我们做了些什么，才会使生活有所改变。

先列举出你最近的进步：

少看一小时手机，也是很大的进步；

晚上入睡的时间从 2 小时 30 分钟缩短到 1 小时 45 分钟；

以前看电视会看到凌晨 2 点，现在看到凌晨 1 点左右就结束了。

不仅是睡眠上的进步，还有读书上的进步：

以前总是看完目录就不想看了，今天多看了一页；

以前看书总是随便翻两下就放下了，今天认真看了 1 小时；

以前不会做读书笔记，现在开始按照书里的指导操作了。

不要把所有的进步都当作理所当然的事情，而是要考虑你做了什么，才让事情发生了改变。

尽管上述改变会让你觉得这些努力微不足道，可人生的进步就是如此，聚沙成塔。

看不到自己贡献的人会把自己看得很渺小，遇到任何困难都会觉得自己无能为力。只要客观评估自己的付出，我们就会收获一些肯定。

以感恩的态度面对生活

"以感恩的态度面对生活"这句话已经被人说过太多次了。讽刺的是，有人嘲笑它，有人却在积极地践行它。

我认为，始终对生活和生命，对自己和周边保持敬畏与感恩之心的人，才是人生赢家。

下面列举今天我想要感恩的事。

- 我感恩那个发明 99.99% 遮光床帘的人，让我一口气从晚上 10:40 睡到了早晨 7:20。睡了个好觉之后，我今天的情绪非常好。

- 感恩键盘输入法，可以记录我打字的习惯，你敢不敢相信这一行字是我盲打出来的。因为我最近写文字很多，用电脑的时间很长，眼睛很疼，我开始尝试不再看着键盘打字，结果我发现基本上不会有什么错误，于是我解放了我的双眼。真是太神奇了！

- 今天中午吃麻辣烫，服务员没有给我多拿菜，所以我既没有吃撑，也没有浪费。

- 我感恩自己，在下雨天拿着雨伞出了门。我在家的工作效率很低，状态还特别差，但我在图书馆写作就会觉得精神抖擞。

- 我要感恩打扫卫生的阿姨，今天我说，我想她了，因为我很久没有见到她了。她说以为我去三楼学习了。我是被惦记着的人，这多幸福呀。

- 吃完饭想起了小明，想起我们曾经腻在一起的时刻，尽管我们现在已经分开了，但我依旧感谢他曾经带给我的美好回忆。

类似的人和事，大家的身边都会有。只是有人意识到了，有人没有意识到而已。

感恩是一项最为深厚的品质，它可以在你烦恼时给你撑一把伞。

欣赏和认可自己所拥有的人、事、物，会让我们的感觉越来越好。

第七天 行动起来，彻底改变

认知调整自助

第一步：觉察

（1）发生了什么事情？

我很想上床睡觉，但到了半夜 2 点都没能入睡。

（2）你在想些什么？

明天还有很多事情要做，今天睡不好，我的工作状态一定会很差，效率一定会很低。

（3）你有哪些感受和情绪？

烦躁、愤怒、不安。

第二步：重建

（1）你能发现这些想法有什么不合理的地方吗？更加客观的想法是什么？

当下：明天还有很多事情要做，今天睡不好，我的工作状态一定很差，效率一定很低。

重建后：也许状态是会比平常差，但以往也有过类似的经历，所以我可以平静面对。

（2）当下的想法帮到你了吗？如果没有，怎么想才能帮到你。

这个想法只会让我感觉更糟糕，反而更睡不着。接纳我现在的感受和睡不着的事实，也许能有点用。

第三步：评估

你现在感觉如何？你在想些什么。

感觉好多了，睡不着也没太大事，干脆起床看会儿书吧。

睡眠日志模板

只有了解你的睡眠状态，才能改善你的睡眠。

你可以打印表 1-2 所示的睡眠日志，并坚持填写两周。

在表格里记录你的睡眠情况，客观了解你上床的时间、睡着的时间点、花了多长时间入睡、有没有比预期的时间早醒。

如果你白天小睡的时间很长、次数很多，就证明你很需要睡眠，也说明你提前释放了睡眠压力，这也许是你晚上睡不着的原因。

总之，填写睡眠日志能了解你睡眠的真实情况，这比大多数的智能手环、智能手表更完整。

重要的是，这是个纸质版本，没有电子屏幕，不会释放蓝光，因为蓝光是抑制褪黑素和其他睡眠激素稳定分泌的元凶。

一个人是习惯早睡早起还是晚睡晚起，是由基因决定的，你不必做无谓的抗争。

与认识睡眠规律同理，无论做什么事情，我们先要充分

表 1-2 睡眠日志

第一周

日期	周一	周二	周三	周四	周五	周六	周日
白天小睡几次							
白天小睡各自多长时间							
什么时候躺床上							
什么时候试图入睡							
花了多长时间睡着							
中途醒了几次							
中途醒来的时间总共多久							
最后一次醒来是几点							
几点起床							
是否服用过助眠的酒精或药物	□是 □否 药物： 剂量： 服用时间：	□是 □否 药物： 剂量： 服用时间：	□是 □否 药物： 剂量： 服用时间：	□是 □否 药物： 剂量： 服用时间：	□是 □否 药物： 剂量： 服用时间：	□是 □否 药物： 剂量： 服用时间：	□是 □否 药物： 剂量： 服用时间：

（续表）

日期	周一	周二	周三	周四	周五	周六	周日
如何评价你的睡眠质量	□很差 □差 □一般 □好 □很好	□很差 □差 □一般 □好 □很好	□很差 □差 □一般 □好 □很好	□很差 □差 □一般 □好 □很好	□很差 □差 □一般 □好 □很好	□很差 □差 □一般 □好 □很好	□很差 □差 □一般 □好 □很好
备注							

第二周

日期	周一	周二	周三	周四	周五	周六	周日
白天小睡几次							
白天小睡各自多长时间							
什么时候躺床上							
什么时候试图入睡							
花了多长时间睡着							

（续表）

日期	周一	周二	周三	周四	周五	周六	周日
中途醒了几次							
中途醒来的时间总共多久							
最后一次醒来是几点							
几点起床							
是否服用过助眠的酒精或药物	口是 口否 药物： 剂量： 服用时间：	口是 口否 药物： 剂量： 服用时间：	口是 口否 药物： 剂量： 服用时间：	口是 口否 药物： 剂量： 服用时间：	口是 口否 药物： 剂量： 服用时间：	口是 口否 药物： 剂量： 服用时间：	口是 口否 药物： 剂量： 服用时间：
如何评价你的睡眠质量	口很差 口差 口一般 口好 口很好	口很差 口差 口一般 口好 口很好	口很差 口差 口一般 口好 口很好	口很差 口差 口一般 口好 口很好	口很差 口差 口一般 口好 口很好	口很差 口差 口一般 口好 口很好	口很差 口差 口一般 口好 口很好
备注							

了解自己，然后选择适合自己的环境，这样不仅完成任务时顺风顺水，还能发挥自己的价值。

记录你的行为习惯

表1-3所示的生活习惯或环境情况都是不利于睡眠的，如果你有这些习惯或处于这些环境中，建议你尽快做出调整。

制订一个放下手机的计划

1. 评估你现在玩手机的情况

你可以先回答以下问题：

一般你在晚上几点才能忙完所有的事情；

（有人很晚才忙完手头的事情，只能在仅有的休息时间玩手机。每个人都需要一些休闲娱乐的时间。）

表 1-3　生活习惯及环境情况记录表

生活习惯	第一天	第二天	第三天	第四天	第五天	第六天	第七天
午睡超过半小时							
不常喝水							
经常处于饥饿状态							
饮食过饱							
睡前 2 小时健身							
傍晚或下午完全没有运动							
睡前 4 小时抽烟、喝酒、喝咖啡							
睡前没有专门的放松时间							
睡前被人际关系困扰							
睡前半小时看电子设备							

（续表）

环境情况	第一天	第二天	第三天	第四天	第五天	第六天	第七天
有光线透进来							
室内的电子设备有灯							
周边有噪声							
伴侣影响你的睡眠							
房间里的温度过高或过低							

一般几点上床；

_____

_____

一般玩多久手机（不可以在床上玩）；

_____

_____

玩手机的时候主要玩些什么；

_____

_____

你可以用什么来替代玩手机的需求；

_____

_____

- 如果玩手机主要是聊微信，可不可以与朋友直接见面？
- 如果是打游戏，可不可以在中午的空闲时间打？
- 如果是连线打游戏，需要将就朋友的时间，可不可以换成自己可控的单机游戏？

　　玩手机是否影响了你的睡眠质量，给你带来的影响是什么?

　　这个评估很重要。如果没有足够的动力，你就不会戒掉玩手机的习惯。

　　2. 设置一个具体、可达到、有时间节点的目标

　　不科学的目标 1：我要少看手机。

　　理由：措施不具体，容易找借口。

　　不科学的目标 2：我要每天都在晚上 10 点前放下手机。

　　理由：你可以先客观评估一下，这一个月有没有在晚上 10 点前放下过手机。人不可能在下定决心之后就立刻变好。只有在逐渐达成目标的过程中才会慢慢变好。

　　不科学的目标 3：一周里我有 3 天在晚上 12 点前放下手机。

　　理由：周一你想着还有周二，周二放下了手机，周三心情不好，就想着还有几天，一晃到了周六，才发现无论如何

也完不成目标了，还不如玩一会儿。你要让自己做到，不需要思考要不要做、什么时候做，任何思考都会降低你做出决策的能力。你需要给自己提供一个明确的、不需要任何思考的指令。

修正过的目标：周一、周二夜里 12 点前放下手机。

理由：执行标准非常清晰具体；只设置两天的时间，在初期很容易达成。

你可能会担心，只有周一、周二不玩手机，其他时间依旧熬夜，又有什么用呢？其实这是有用的，你会通过完成一点点事情而获得成就感和掌控感，你知道你是可以做到的。你还会感受到，第二天起床时你是多么的神清气爽，熬夜玩手机的乐趣也没有那么大。坚持一段时间之后，你就可以设定每周前三天睡前放下手机。

永远不要低估行动的力量！

调整你的睡眠时间

根据在床上的清醒时间、睡眠状态，以及你白天的精神状态，以周为单位动态调整你在床上的时间。

- 你需要按照目前的时间表执行两周，并记录你的睡眠状态，以及你在白天是否感觉清醒。

- 如果你感觉睡得很好，白天也达到了你期待的清醒的程度，就可以保持目前的时间安排不变。

- 如果你第一周感觉睡得很好，但白天还是不够清醒，你可以试着第二周每晚多在床上躺 15 分钟。例如，你第一周是躺在床上 7 小时，第二周你可以试着躺在床上 7 小时 15 分钟。如果你依旧睡得很好，但白天不够清醒，可以以周为周期，再增加 15 分钟。

- 如果你意识到在床上清醒的时间也变长了，就说明你躺在床上的时间可能过久了。你可以每周在床上少躺 15 分钟，直到你重新找回晚上睡得不错、白天足够清醒的平衡点。

- 如果你按照计划执行了两周，但发现清醒的时间并没有减少，那么你可以进一步减少躺在床上的时间。

以下是需要你减少躺在床上时间的一些情况：

如果你每晚入睡时间或中间醒来的时间超过 30 分钟；

如果你频繁醒来，并且清醒的时间超过 30 分钟；

只是偶尔入睡的时间变晚了，或者睡觉的时候感到比平常更困。如果你也存在上述情况，就不需要调整你的睡眠规划。

用来衡量你睡眠时间是否足够的标准是你白天是否感觉很清醒，如果是就说明你的睡眠时间是足够的。

第二周

[TWO]

好好吃饭

你是不是经常感到体力不支、注意力不集中？或许你曾针对这种情况给自己买了各种营养素，寄希望于这些小药丸可以帮助你改善生活状态。

我们确实可以通过饮食调整来改变生活，如系统调整你的饮食结构，并改变你和食物的关系。

千万不要低估食物的作用！因为食物在一定程度上也可以缓解抑郁和焦虑情绪。

当然，吃什么、怎么吃很重要！让我们一起吃出健康、吃出开心！

第一天　食物如何影响我们的大脑

你是主人公吗

小桃刚刚失恋，为了挽回男友，她想从减肥开始改变自己。以往她早上要吃一大碗辣椒炒肉盖粉，现在开始吃玉米、鸡蛋、蔬菜和豆浆；曾经饭后要吃个冰激凌的她，现在选择吃一小袋坚果。坚持了一段时间后，原本因为失恋痛苦万分的她日渐快乐了起来。

为什么小桃在改变饮食习惯之后，心情会逐渐变好呢？因为食物可以在一定程度上影响大脑！

虽然到目前为止，我们并没有通过科学实验得知，哪种饮食结构一定会改变我们的情绪状态。但换个角度想，如果我们花费同样的金钱，摄入一些能让你变得更加健康、更加快乐的食物，何乐而不为呢？

让你活力满满的营养素

表 2-1 列举了 12 种人类必需的营养素，它们能够对大脑、情绪起到一定的调节作用。

表 2-1　让你活力满满的营养素

营养素	作用	摄入不足的表现	来源
叶酸（维生素 B9）	促进髓鞘脂和调节情绪的神经递质形成	情绪低落、精力不足、炎症水平升高	绿叶蔬菜、鹰嘴豆、芦笋
铁	含铁的血红蛋白可以把氧气输送到大脑；合成多巴胺、血清素的辅助因子	精力不足、注意力无法集中、易升怒	牡蛎、芝麻、红肉、黑巧克力
长链 ω-3 脂肪酸	减轻大脑炎症反应，促进大脑的原料生成	引发抑郁症和其他与大脑有关的疾病	沙丁鱼、金枪鱼、凤尾鱼、牡蛎
镁	保持心情愉悦，刺激脑细胞生长	情绪低落，大脑无法正常运转	杏仁、菠菜、黄豆、腰果、种子
钾	保持细胞稳定，有助于把氧气输送到大脑	精力疲劳，情绪变差	绿叶蔬菜、香蕉、羽衣甘蓝
硒	抗氧化剂谷胱甘肽的合成原材料，免受氧化应激的伤害	无法合成抗氧化剂，大脑会受到自由基的侵害	绿叶蔬菜、海鲜如龙虾、比目鱼
维生素 B1	将葡萄糖转化为能量	精力不济或体力不支、易怒	开心果、豌豆、鳟鱼

（续表）

营养素	作用	摄入不足的表现	来源
维生素 A	促进细胞生长和分裂，强化免疫系统	皮肤干燥，头发干枯，眼睛干涩、畏光	胡萝卜、南瓜、红薯、鸡肝
维生素 B6	减轻炎症，降低抑郁症的发作风险	难以集中注意力，产生紧张、愤怒和悲伤情绪	鹰嘴豆、三文鱼、鸡肉、香蕉、土豆
维生素 B12	有助于合成多巴胺，辅助降低大脑萎缩的速度	增大患抑郁症的风险	鸡蛋、乳品、蛤蜊
维生素 C	抗氧化，有助于抵御炎症侵害身体	导致疲劳、抑郁	彩椒、木瓜、西蓝花、草莓
锌	支持人体的天然防御系统	免疫功能低下，精神萎靡	牡蛎、牛排、芝麻

第二天　如何处理我们和食物的关系

你是主人公吗

　　小铭是一个身高 180 厘米、体重 80 公斤的帅气男孩。他一边说着要减脂，一边在米饭上加了一勺白糖。他一边安慰自己"没关系，我愿意花些时间去减重"，一边怀疑自己"我吃得太不健康了。我是不是会一直这样胖下去"。他还会在压力大的时候，往嘴里猛塞几颗大白兔奶糖，想让自己心情好一些。

人与健康饮食的矛盾并不在于你不知道该吃些什么才能变得更健康，而在于你明明知道该吃什么却做不到。

人们对食物的渴望和对美好自我的追求往往是互相驳斥的。食物不仅变成了释放压力的出口，还变成了勋章——一种能对抗自然生理欲望的勋章。我们和食物的关系到底是什么呢？只有吃或者不吃，多吃或者少吃，能够控制住自己的食欲就是自律，不能节食就是放纵自己吗？

我们过分简化了自己和食物的关系。在没有处理好自己和食物的关系之前，"健康饮食方案"很难得以实施。

对于有些人来讲，食物代表着安全感，他们从小忍饥挨饿，长大之后，只有吃下去一大碗米饭，才能有踏实的感觉；对于有些人来讲，在工作、生活、自我成长的多重压力下，食物是排解压力的唯一方式；对于有些人来讲，他们在童年就被告知该吃什么、该吃多少，长大后便开启了"报复式进食"。

你看，"你就不能少吃两口"真不是一件简单的事。

你和食物是什么关系

当你的饮食管理出现了困难，例如，你感觉自己吃太多；吃饭时很满足，吃完又觉得懊悔，或者体重出现了大幅的波动，一个月内增加或减少的体重超过了你体重的 5%。这时，你要先思考一下，你和食物的关系是什么？

请像下面这样，写出你对食物以及吃东西这件事的看法：

- 饮食不健康的人会生病；

- 我想吃蛋糕，但我不能吃，否则我又要花很长时间进行运动减脂；

- 自律的人是不会乱吃的，他们时时刻刻都很节制；

- 一旦感觉压力很大，我就会胡吃海喝，即使感到很撑了也要继续吃；

- 我是个饮食不健康也不节制的人；

- 为什么我不能吃？为什么我要克制？为什么我凡事都要这么努力？

- 饭菜都是农民伯伯辛勤劳动的成果，我不能浪费；

- 吃饭就是为了填饱肚子，我要快点吃完；

等等。

你可以非常随意地写，想到什么就写什么。最后，你会发现有些看法是你从来没有意识到的。

例如，在别人眼中你是个很自律的人，可你却多次冒出"我为什么要这样自律""凭什么我要这么自律"这种念头。这就是你被隐形的社会规范压制太久了，试图寻求真我的表现。

无论有多少种看法，你都会发现，这些看法中或多或少有自我的影子。其实，你和食物的关系就是你和自己的关系。

你秉承怎样的生活态度

你会不会在压力很大的时候，允许自己吃点喜欢的食物，而不是强行给自己加一道"你不能吃甜点"的枷锁。

你会不会明明饿得很厉害，还不允许自己吃东西；明明吃得很撑，还要勉强自己吃？你可以问问自己，这么辛苦到底是为了谁？

你是否认为，我自律与否、成功与否就取决于我当下有没有吃这一口蛋糕？

你是否可以接纳自己是个"非全能"的人。外界环境的变化是如此汹涌，面对随处可见的诱惑和不断涌现的压力，你是否依赖食物给你提供的满足感？

你是否可以放下非此即彼。如果你允许自己无止境地吃任何食品，你就会发现，你很快就会失去这种欲望。其实，我们可以做到正念地吃，也就是每次吃到幸福感消失的时候就停下来。

无论是接纳自己，还是放过自己，都不是一朝一夕的事情。这种苛责、压迫自己的思维习惯或多或少带来了些好处，在你成长的某个阶段帮你应对了一些问题。例如，你鞭策自己努力工作，终于登上了公司业绩的红榜，得到了爸妈的认可，在同事的眼里看到了欣赏和羡慕。

但是你要记得，这些荣耀和进步不是你苛责自己带来的，而是你努力工作获得的。

你要把支撑你前进的动力换成健康的发自内心的自我认可。生活压力本来就非常大，你用羞愧、自卑驱使自己努力，就像是往汽油车里加满了柴油，发动机很快就会爆缸甚至报废。我们常说要善于倾听、安慰、理解他人，但面对自己时，就会变得简单粗暴，像锤地鼠一样锤自己，这样的生活态度是不健康的。

重构你和食物的关系

我曾经为了减肥每天运动 3 小时，所有入口的东西都要上秤称重，一克也不能多。一个月的时间，我从 104 斤瘦到了 94 斤，有一天我实在太饿了，报复性地吃了 7 个馒头，后来邻居送了好多艾叶粑粑，上面撒了糖，我又开始狂吃。只有在服装店试衣服，发觉自己能穿最小码的衣服的时候，我才觉得这也值了。

我在长达 5 年的节食和暴饮暴食交替的阶段，只要遇到问题，我就开始吃东西，当觉得自己很胖的时候，又开始控制饮食，这样的日子真的很辛苦。

在经历了 5 年的自我苛责之后，我学会了接纳自己。我发现，不必用"体重"这个数字衡量自己的价值。我也发现，压力大的时候，我会寻求食物的安慰。我知道了什么样的饮食结构是健康的，我也从此爱上了运动。虽然我花了很多时间并可能在某种程度上伤害了自己，但我依旧把这段经历当作是一份宝贵的人生体验。

你看，当你以积极的、发展性的视角去反思当初和食物做的抗争时，你必然会发现你这样做的积极理由，就是你希望自己是美丽的。

我相信，每个看起来很蠢的行为都是当下最好的选择。

现在，你可以写下自己的故事，然后用积极、发展、互相联系的视角重新描述这个故事。

第三天　食物的基本常识

你是主人公吗

同学，我可以问你们一个问题吗？

你说。

你们平常也这么吃吗？喝一大碗粥，吃个红糖馒头。

是的，这样吃起来比较开心。

这是我在北大食堂真实发生的对话。我看着来北大参加夏令营的中学生的早餐结构就是碳水叠加，而且都是极易升糖的精致碳水化合物。我就有点担心，这些学生吃饭怎么能如此随意呢？

只有合理的饮食搭配才能给身体提供足够的营养，人们才会元气满满。

你要吃得多种多样

很早以前我在知乎看过一篇文章，讲述了一个男生每天的生活极其简单、规律，每天吃同样的菜、穿同样的衣服。文章的结尾是表扬这个男生很自律。当时我的想法是：他真厉害啊，怎么能做到不馋呢？

最近我见到了和这篇文章里的男生一样的人——我的一个朋友。他每天都去同样的餐厅，吃同样的菜，他说这样可以减少决策成本。

现在，我的想法完全改变了，我认为这人多少有点本末倒置。因为我知道，饮食种类丰富非常重要，比做决策省下来的那点时间更重要。

有研究显示，每天我们至少要吃 12 种食物，每周我们要吃 25 种以上的食物，才能保证我们营养均衡。

前文提到，我们只要保证经常摄入粗粮、蔬果、肉类、海鲜就可以满足日常营养所需。如果今早你没吃蔬菜，中午就有意识地补一补。如果中午吃主食过多，晚上就少吃一点。生活不需要计算器。你不可能每餐都准确计算你摄入的食物热量和营养。因为身体加工的生化过程远比你想象得要复杂。

你的身体感受就是你最好的营养师和秤。

你要吃得均衡

严格地说，没有食物是坏食物。

炸鸡、可乐、汉堡不是坏食物，苹果、香蕉、牛油果也不是好食物。因为离开剂量谈毒性是没有意义的。只要你不是每天都吃"垃圾食品"，偶尔吃一两次真的没关系，喝着可乐在街上闲逛的快乐是其他事情很难替代的。

有多少人为了减肥只吃青菜不吃肉，不吃主食而是疯狂啃胡萝卜。我之前有段时间减肥很成功，在小红书上发布的视频就是教大家健康饮食。后来我发现，根本没有人看我的视频。因为我不可能瘦到大众想象中瘦骨嶙峋的样子。有点可悲的是，很多博主还在推广每顿热量只有 200 大卡并有饱腹感的健康餐。这是不现实的！除非你吃的全是青菜，否则，但凡多吃点碳水就会导致热量超标。

均衡的吃法是：你把餐盘里 1/2 的位置留给蔬菜，1/4 的位置留给肉类，1/4 的位置留给主食、粗粮、薯类。

湖南有一道菜叫辣椒炒肉，我身边常吃这道菜的朋友们大多提前进入了中年。原因在于，辣椒炒肉中的肉极少，蛋白质根本不能满足人体所需；又不能吃青椒，因为它太辣；人们只能就着肉汤吃一大碗米饭，当然容易体重超标，患上一些中年人才会得的病。

如果你什么菜都吃，大概率是不用额外补充维生素的。每天吃各种药丸，不是给生活增加了很多压力吗？

该吃吃该喝喝

不吃正餐只吃零食，这大概是绝大多数人常做的事吧。有人沉迷于研究什么时候进食最有利于消化和养气血；有人则迷恋各种补剂，花大价钱买各种营养品；还有人严格限制自己进食的时间，如晚上 8 点后不吃饭。

各种饮食方案层出不穷，恨不得让你重新学习吃饭这门"技术"。

我健身的伙伴在减脂的时候很少吃碳水，那段时间他们的脾气会异常急躁。但是，由于没有人能告诉他们吃多少碳水，需要相应增加多少运动量，他们就只能自己判断。所以，他们最简单的减脂办法就是少吃碳水，从而任由情绪失控。我们向外求助的时候就会忘记身体，我们盲信权威的时候就会失去自己。

如果你能够意识到自己没吃早饭，上午工作会没有精神，你就要优先安排早饭时间；如果你晚上吃多了会睡不着，就要有意识地控制一下晚餐的量。在后文讲述情绪的那一部分会提到，你需要识别出在什么样的场景下，你会分外想吃零食。很多时候是因为无聊，也有很多时候是因为压力，但食物就是食物，不是爱。

你吃多吃少也和周围的环境有关。当你和朋友一起吃饭的时候，好像更容易多吃或少吃。多吃是因为习惯了，聊着聊着就会忍不住多吃几口；少吃是你想在朋友面前保持好的形象。人都会被情景所影响，也会想要进行印象管理。其实，不用对自己太苛刻，因为没有人会注意到你的腰围是 64 厘米还是 70 厘米，我们都把自己看得太重要了。

第四天　相信你的身体

你是主人公吗

小丽最近很着急，她好像失去了判断自己是饿还是饱的能力。她眼睁睁地看着自己疯狂吃，或者明明感觉很饿，却没有任何胃口。

她和身体里的"她"就像被隔离了一样。

她不知道自己为什么会变成这样？

人天生就有识别自己饱饿状态的能力。小孩子从小就知道吃饱了，便不想再吃了。但是大人往往会违背孩子的意愿，说你再吃点，你要吃点这个、吃点那个。

我看到过很多妈妈哪怕自己已经吃饱了也会吃小孩剩下的饭菜，只是为了不浪费食物。对待食物的态度就会被传递下去。孩子就会认为，我不能控制自己吃什么、吃多少，关键是我不能浪费。

不论是节食还是过度的进食，都会让我们失去识别身体感觉的能力。我们不应该责怪谁，而是应该学习如何觉察、识别、了解自己的身体感觉。这一点对于有进食障碍的人来说尤为重要。重建你对食物的感受，而不是用食物去抵抗风浪。

体会味蕾变化

如果你正在吃饭，就尽量一次只做一件事——充分感受食物的色香味。

刚开始吃第一口时，你的幸福感会特别强。吃了第二口、第三口后，你的幸福感就会减弱。直到你吃了一口其他的食物，你对食物的满足感才会重新上升。所以，吃东西是有边际效应的，最初食物带给你的幸福感很强，随后就会逐渐减弱。

你能够觉察到这种味觉变化的关键在于，你在正念进食。一些人会有个很不好的习惯，就是在感到压力很大时会看电影，或者和朋友打电话，同时还会吃东西。他们无意识地吃了很多食物，却没有体会过任何的幸福感，更别说在感受到味蕾变化的时候及时停止。

现在能够不看手机吃饭的人已经很少了，人们忙碌到忘记观察自己、回味食物的味道。

要想做到正念吃饭，我们需要尝试吃饭时不看手机，或许你能体会到进食的快乐。这样你就会有持续的动力专心吃饭。你可能会在压力袭来时忘记觉察。没关系，没有人可以做到充分利用每一分钟的时间。

感受你的胃部

除了胃不舒服的时候，大多数人对胃部是不会有太多感觉的。胃就在你的左上腹部，现在你可以尝试着去感受它。年轻时的我有段时间暴饮暴食，好像胃也没有什么不舒服的感觉，消化能力还是很好的。但最近不行了，如果我前一天晚上吃多了，第二天早上就不想吃饭。出现这种情况主要有三个原因，一是因为年纪大了，消化能力没有 18 岁时好；二是工作压力较大，情绪不佳也会增加胃的负担；三是过去对身体造成的伤害，现在都表现出来了。

这也就是为什么很多人到了中年突然要靠"保温杯 + 枸杞"来养生。

你吃 3 分饱、7 分饱还是 12 分饱，胃都会产生不一样的感受。胃就像是一个有弹性的口袋，你吃多饱，胃就撑多大。胃会将大的食物研磨成小块；胃会分泌胃酸，利用胃蛋白酶把食物分解得更小。如果你摄入的食物过多，胃的压力就会变大，因为胃要不断地工作。

其实，我们并不需要依靠透支自己的身体来做些什么。

给自己一点耐心，每天实现一点进步，在时间长河中慢慢成长也是很好的。

倾听你的身体

除了胃部，你身体的其他部分也是会"表达"的。例如，血糖上升，大脑会昏昏欲睡；吃得过咸，你会感到口渴；吃饱喝足，你会感觉身体又有劲儿了。全身变得轻盈，你的心情也会随之变好。

坐姿也会影响人的消化功能。如果你窝在沙发上或蹲在地上吃饭，胃无法得到完全舒展，就会影响它消化食物。

如果就餐环境很嘈杂，你就会产生烦躁不安的情绪。你吃饭的速度就会加快，因为身体告诉你，要做好"战斗"的准备。

身体还会向你传递很多信号。下次吃饭时，你不妨专心于眼前的饭菜，感受一下有什么不同。

第五天 关于吃饭，我们可以做些什么

你是主人公吗

对你来说，吃饭的目的是什么呢？

为了完成每日进食的任务、活下去还是释放压力？

关于吃的纪录片很多，说自己是个吃货的人也不少，这会让大家产生一种错觉，就是我们都在好好吃饭。

实际上，我们还没有做到真正的"认真吃饭"！

对吃饭来说，重要的是观察你的就餐环境和习惯，因为细节最能改变人，而且几乎无法逆转。

审视你的饮食环境

我的饮食习惯极其简单，在食堂吃饭，嘴馋了就吃点辣条、薯片，出去吃饭的次数屈指可数。

如果公司没有食堂，那么大部分人就需要吃外卖或自己做饭。个别人的居住环境可能连厨房都没有。我曾经在连续吃了一个月的拉面之后，认真思考过一个问题：我真的要在一个连带厨房的房子都租不起的城市生活吗？这段经历导致我曾经特别讨厌面条，因为那代表着敷衍，代表着我被生活压迫着。大学时吃顿螺蛳粉就觉得非常幸福了，毕业后发现只能吃螺蛳粉的日子是如此窘迫。

前段时间我送一个在北京工作的朋友回厦门。她回厦门租了一间 2800 元的房子，房间的面积比我的大 5 倍，房租却只是我的一半。这是我第一个在北京的朋友选择离开。确实，我很难想象，在工作了一天深夜回到家后，谁还能够有力气给自己做一顿不敷衍的饭？22岁的你大概还觉得看着视频吃快手菜的生活很好玩。一旦这样的日子过久了，你就会感到自己仿佛身处在一间没有灵魂的房子里。

在工作第一年，我还会斗志满满地在5点半起床跳操，然后做早饭。在一个连砧板都放不下的操作台上切着菜，用300块钱的饭盒装着午饭去上班，这是我唯一能做到的仪式感。准备考研后，我早起做饭带饭，挤着地铁去图书馆自习，蹲在图书馆的楼梯口吃饭。当一辆车驶过，带飞我的饭盒时，我安慰自己没关系，灰无大碍，只要能考上北大就好啦。

经历过这样的情景后，我发现年轻人的斗志会随着吃不上一顿真正意义的饭而消磨殆尽。

所以，你是否想过到一个买得起房子的城市生活。虽说食物是抚慰，但这个抚慰需要在一个稍稍宽敞一点的厨房里才能实现。

遵从做饭的小小哲学

如果你能够在家做饭，我唯一的建议就是少炒、多蒸、多煮、别炸。

如果你坚持留在一线城市租房子，我建议你一定要整理好自己的冰箱。首先是丢掉影响饮食质量的食物，如过期的食物、不健康的零食、各种调味酱；其次是给冰箱分区，把生熟分开，把蔬菜和肉类分开；最后是把已经洗干净的蔬菜、新鲜的水果放入冰箱。当你看见整整齐齐的食物被摆在一个冰箱里时，你会对生活重新燃起希望。

对于做饭，我有三个秘诀。第一，买一套好看的碗，这样可以增加很多的幸福感；第二，买一张餐桌，铺上好看的桌布，摆上一束好看的花；第三，试试混炒。我会按照容易熟的程度将蔬菜放入锅中，这样炒出来的菜，味道会特别浓郁、丰厚，并有多层味道。

我们花 10% 的时间好好做饭、好好吃饭，在其余时间实现梦想，不是很好吗？如果只知道一味地往前冲，都没有活在当下，那么人生的意义又在哪里呢？

改变你的饮食习惯

以下是一些不好的饮食习惯，请你自查并试着改变一下。

- 不吃早饭。现代人的工作和生活节奏越来越快，压力越来越大，不吃早饭的人就越来越多。很多年轻人宁可花大量的时间护肤，都不给自己留出一点吃饭的时间。

- 吃太快。许多人吃饭时不细嚼就咽下，短时间内给胃塞得满满的，就像往一个混凝土搅拌机里倒入沙子和水泥。我们的胃不是机器，长此以往，身体会亮起红灯的。

- 不吃正餐，只吃零食。这样不仅饿坏了自己、营养不够，还容易导致热量超标。再健康的零食也是零食，再高超的加工技术也会导致营养流失。

- 趁热吃。大家都知道肉放在热锅里会变熟，把那么烫的食物放入嘴里，口腔、食管和胃是不是也在受罪。口腔癌、食管癌和胃癌等大多和趁热吃的习惯有关。在吃饭的时候多点耐心，细嚼慢咽才是真正的呵护自己。

- 一边吃饭，一边看手机、打游戏、学习。一个 16 岁就保送北大的同学和我说，我一天的爱好太多啦，我只能在吃饭的时候学数学。事业的成功需要建构在一个健康的身体之上，我们一定不要敷衍这副不会重生的躯体。

第六天　如果你在考虑减肥

你是主人公吗

小桃减肥 5 年，终究还是回到了原点。从 104 斤到 94 斤，从 94 斤到 104 斤。5 年后，好像一切都没变。

其实，她变了。她折磨过、放纵过、伤害过、抗争过，然后与身体和解。

对于以前体重 104 斤，她说："好女不过百"；而对于现在 104 斤的体重，她会说："哇，我的身材真棒"。

人一定要多花些时间接纳自己。

年轻女孩为了美，会经常性地饿自己好几天；中年大哥发福了，想要减减肥找回年轻时的风采；老年人的膝盖不堪重负，必须甩掉几十斤肉才能恢复健康。

我不排斥减肥，甚至鼓励大家保持一个优美、轻盈的体态。健康的减肥并不是件坏事，就是要注重方法。

关于胖瘦的误区

1. 瘦等于不胖

我有个朋友，她的腰围只有 63 厘米，但她患有高脂血症。之前我还很好奇，她一天吃这么多甜点，喝这么多奶茶，为什么还这么瘦？果然身体是不会骗人的。

你要善于利用各项指标时刻提醒自己保持健康。

2. 胖等于营养过剩

有人认为，瘦等于营养不良，胖等于营养过剩。实际上，胖才更容易营养不良。

因为胖人的体型大，消耗的热量和营养更多。胖人一般是因为饮食习惯不健康才会变胖的。

3. 体重越大越好减肥

胖人非常容易将吃进来的食物转换成脂肪，而不是立刻转换成能量，这就是胖人更容易长体重的原因。

4. 体像障碍

有一种心理疾病叫体像障碍。它是指你无法正确地看待自己的身体。患有这种心理疾病的人大多已经很瘦了但还会觉得自己胖。

对于这部分人，你从认知上纠正说"你不胖"是不管用的。患有这种心理疾病的个体无法准确识别自己的身体信息。这类人需要及时向专业的心理医生求助。

5. 减肥是个立竿见影的事情

减肥就像是西西弗斯推石头，今天推上去了，明天石头又会滚下来。减肥也是如此，即使一时减下来了，也会很快回到原点。

我用亲身经历告诉大家，管住嘴、迈开腿的最终结局并不一定是完美身材。因为热量亏损确实可以帮助减脂,但往往身体的反应就是保持惯性。

总之,减肥不是短时间的工作,而是需要持续调整生活方式和做出长期改变才能实现的。

健康的减肥方式

1. 保证营养充足比热量缺口更重要

很多人会强行要求自己制造多少热量缺口,但营养才是减肥中更应该关注的问题。

举个简单的例子,如果你缺钙,你身体产热的能力就会下降(如代谢下降、消耗的热量下降),但你脂肪合成酶的活性会增加,也就是你会消耗更少的脂肪。

所以,从表面上看控制饮食是制造了热量缺口,实际上也是制造了营养缺口,这样做是得不偿失的。

2. 改变热量结构,保证营养摄入

我们正确制造热量缺口的方法就是把同等热量消耗在能

提供更多营养的物质上面。

例如，把吃炸鸡变成只吃鸡肉。当你吃炸鸡时，如果只吃鸡肉、不吃表面的脆皮，就能够减少 1/2 的热量摄入。

很多食物的热量高，但营养密度很低，如大家常吃的饼干、方便面、糕点等。一个蛋黄酥的热量大概是 400 千卡，如果要减肥，以体重 50 千克来计算，每餐的热量配额大概只有 400 千卡，也就是我吃了一个蛋黄酥后，就不能再吃任何东西了，但我摄入的只有糖和油，根本没有维生素、矿物质。这样的减肥是不健康的。

3. 适当运动

有氧运动需要消耗你的能量，迫使你的身体更加高效地产能，你在这个过程中实现减脂。肌肉生长是先破坏你的肌肉纤维，再修复生长的过程。如果你过度运动，且得不到恢复，你的身体就很难发生更加高效的代谢。

关于健康减肥有太多的道理，只要选择适合你的减肥方式并坚持下去，你的目标就一定会实现。

关于运动的真相

运动对个体的改变是无与伦比的。这本书为什么没有花更多的篇幅来讲运动呢？因为对大部分人来说，需要的只是先动起来。

简单地把坐电梯改成走楼梯，你的生活幸福指数就会增加一些。不着急的时候，把开车换成骑电动车，更不着急的时候可以试着用走路替代骑车。

关于运动，有以下几个误区需要避开。

1. 有氧运动比无氧运动的燃脂效果更好

相同时间，跑步确实比撸铁消耗的热量要多。但撸铁有后效燃脂，也就是停止运动后还一直燃脂。肌肉多的人，他的基础代谢也会增加。所以，你可以在有氧运动和无氧运动之间寻求平衡。

2. 有氧运动需要 30 分钟才燃脂

其实，你运动的每一分钟都在燃脂。在有氧运动初期，糖的供能比例比脂肪高，时间长了，糖被消耗没了，脂肪就开始更多地参与供能。这也就是空腹进行有氧运动更有效果的原因。

3. 运动一定能降体重

有时候你的体重降了，只是因为水分或者肌肉流失。所以，你运动后增加的体重有可能是肌肉。总体来看，要想判断自己减肥是否有效，只需要看身形、状态是否变好了。

4. 运动一定要坚持

我认为，没有什么事情是一定要坚持的。你做一次运动，你的收益就已经达到了。如果你一个月不健身，很快就会被打回原形。但是，你已经赚到了运动的快乐。健身的这段时间你的身材也是好的，这就足够了。

5. 女生不适合撸铁

很多女生害怕自己健身后会变成"金刚芭比"，以我的经验看，你害怕的事情根本就不会发生。女生的皮肤、状态、激素和自身的肌肉量密切相关。也就是说，即使你努力训练，肌肉也不会变得很大。如果你很需要肌肉，就只能花更多的时间去训练。

有人说，25 岁是女生的一个坎，28 岁是另外一个坎。但我自己运动 6 年，感觉 28 岁的我，就像 20 岁一样有活力，甚至比大部分 18 岁的女生要精力充沛得多。

第七天　行动起来，彻底改变

复盘你的营养输入

通过表 2-2，复盘你的营养输入情况。

表 2-2　复盘你的营养输入

营养素	来源	吃够了吗 （每人每天应摄入蔬菜 500 克、肉类 200 克）
叶酸（维生素 B9）	绿叶蔬菜、鹰嘴豆、芦笋	
铁	牡蛎、芝麻、红肉、黑巧克力	
长链 W-3 脂肪酸	沙丁鱼、金枪鱼、凤尾鱼、牡蛎	

（续表）

营养素	来源	吃够了吗 （每人每天应摄入蔬菜 500 克、肉类 200 克）
镁	杏仁、菠菜、黄豆、腰果、种子	
钾	绿叶蔬菜、香蕉、羽衣甘蓝	
硒	绿叶蔬菜，海鲜如龙虾、比目鱼	
维生素 B1	开心果、豌豆、鳟鱼	
维生素 A	胡萝卜、南瓜、红薯、鸡肝	
维生素 B6	鹰嘴豆、三文鱼、鸡肉、香蕉、土豆	
维生素 B12	鸡蛋、乳品、蛤蜊	
维生素 C	彩椒、木瓜、西蓝花、草莓	
锌	牡蛎、牛排、芝麻	

首先，保证每餐都能摄入足够量的绿叶蔬菜。

其次，把零食换成草莓、香蕉、木瓜、开心果。

最后，每天吃足够的鸡肉、鱼和虾，外出吃饭时就选择平常吃得比较少的牡蛎、比目鱼、三文鱼。

重构关于食物的故事

你和食物之间发生了很多联系，一定也会有很多故事。请你以积极、发展的视角重构这个故事。

写下你知道的食物的知识

大部分上班族每天吃的东西都是很有限的。你可以适当做些快手菜，帮助自己补充营养。

读完本章的你可以简单回想一下，你的"食谱"合理吗？如何利用当下的环境做出改善。

如果你在北上广深等一线城市，是时候利用傍晚或周末用心开启自己的生活了。

尽量让自己吃得更慢

如果你想吃得更慢一些，可以给自己定一个闹钟。例如，设定一个 15 分钟的闹钟用于吃早饭；设定一个 25 分钟的闹钟用于吃午饭，等等。

检查一下自己是否完成。

完成的日期：＿＿＿＿＿＿＿＿＿＿＿＿＿＿＿＿

完成的感受：＿＿＿＿＿＿＿＿＿＿＿＿＿＿＿＿

整理冰箱和食物柜

整理的第一步是丢弃，第二步是归类。关键一点是少买，因为我们需要的东西比想象的要少得多。

检查一下自己是否完成。

完成的日期：＿＿＿＿＿＿＿＿＿＿＿＿＿＿＿＿

完成的感受：＿＿＿＿＿＿＿＿＿＿＿＿＿＿＿＿

给自己开个"运动处方"

表 2-3 是我给自己开的"运动处方"。

表 2-3　我的"运动处方"

日期	运动	时长	计划完成时间	替代方案
周一	上半身（胸背肩）	90 分钟	努力在下午 2 点回到图书馆，然后学习 2 小时，4 点半前去训练。我睡得早，吃晚饭也要早一点	如果没有整块的时间去健身房锻炼，就将运动方式改为跳绳、跟着 Keep 跳有氧操等。
周二	下半身（臀腿）	80 分钟		
周三	休息	—		
周四	游泳	45 分钟		
周五	上半身（胸背肩）	90 分钟		
周六	下半身（臀腿）	80 分钟		
周日	休息			

你可以根据自己的时间和兴趣来填写表 2-4。尽量减少决策困难，提高实施率。

表 2-4　你的"运动处方"

日期	运动	时长	计划完成时间	替代方案
周一				
周二				
周三				
周四				
周五				
周六				
周日				

第三周

[THREE]

情绪稳定

你会焦虑到睡不着觉吗？

你会想干活却提不起精神吗？

你是否无数次地告诉自己不要焦虑，却感觉自己在这种情绪中越陷越深，无法自拔。

每个人都会有各种情绪，加上现在工作和生活的压力如此之大，有负面情绪是件很正常的事情。重点是我们要学会用科学的方式应对情绪，不要让负面情绪伤害到我们。

下面我将教会你，如何掌握高效、有用的情绪管理技巧。

（男生尤其不要错过，因为女生获得情绪支持的来源很多，但男生大多数时候都选择自己扛，所以男生更需要掌握科学的情绪管理技巧。）

第一天　每个人都会经历夜晚

你是主人公吗

小龚是 Top10 大学的博士生，可他的人际关系一塌糊涂，没有人愿意和他一起吃饭。

小王今天结婚，每个人都在祝福她，她却在想，要是妈妈还在就好了，于是她想起了妈妈心肌梗死躺在地上的可怕场景。

闭上眼睛 30 秒，你的脑海中会不会出现以下想法：

我不行，我不好，我现在很难受，这种感觉太糟糕了；

想起我没有做好、做完的事情，以及即将面临的压力；

我不应该吃那个鲜花饼，我最近在减肥呢！

等等。

你会不会发现很多想法都是负面的。

人就是这样，很容易把痛苦放大，更多地注意负面的事情，印刻负面的体验。

如果你还不太相信人都会这样，那么我给你一些数据。

根据世界卫生组织（WHO）的数据，世界上有 2.8 亿成年人患有抑郁症；2019 年有 3.01 亿人患有焦虑症，而近三年患有焦虑症的人数增加了 26%。

患有抑郁情绪的人会起不来床、全身发软，无论别人说他有多好，他也不会相信，他可能会自残、自杀，因为身体痛苦可以吸引注意力。不良情绪尚且让人如此痛苦，更别说患有心血管疾病和糖尿病等身体疾病的人了。

资源和注意力都是短缺的

每个人都想过更好的生活，但物质资源是有限的，每个人都会面临资源短缺。就像又高又瘦的模特不多，反而是长得很好看但又矮又胖的人很多。

一部分人认识到，我的家庭条件、我所受的教育只能让我享受基本的生活，要想过得好就只能精打细算。还有的人做出各种努力，试图突破贫困的原生家庭，如果他能走上正道，脚踏实地地工作就还好，如果他把"贪心"和"不甘心"合二为一，走上违法犯罪的道路，就更惨了。

物质生活如此，大多数人渴求的情绪价值更是如此。

有次我和朋友聊天，聊着聊着她就打开了手机，开始回复消息。我不满的情绪立刻就涌了出来，因为我一直觉得我们应该更加投入地聊天，她不尊重我、不在乎我，我感觉受到了忽视。但是，我现在想想，当我在不停地表达我的观点和需要，没有关注她的内心动态的时候，我是不是也在分心呢？只不过她是实实在在地玩手机，我是看起来专注，但并没有完全投入我们的聊天中，而是只聊我自己感兴趣的事情。

在我们的对话中都有这种体验，更别说那些聊着聊着就开始大吵大闹、互相指责对方的朋友或伴侣了。

被全心全意地爱着、关注的时刻很少，有些人甚至从来没有体验过。

世事无常，学会接受

人类做了很多突破性的大事，就像遁地飞天，这是 100 年前我们不敢相信的事情。更别说改造基因组、太空遨游了。这些突破往往给我们一种错觉，那就是人是无所不能的。其实，连续几天的暴雨、一次地震、一场火灾就足以毁掉平静的生活。在自然灾害面前，人太弱小了。

另外，想与他人的想法和感受对抗也会让我们感到痛苦。

例如，对方不喜欢我怎么办？导师觉得我不够努力怎么办？我希望你能反思一下，你到底有多么美丽、漂亮、风趣、幽默，对方才会喜欢你。你到底有多么帅气、多金、情绪稳定，对方才会死心塌地地跟着你。即使你已经做出了最大的努力，如果你的导师的标准和要求非常高，他还是有可能会觉得你不够努力。我们连自己的想法都控制不了，又怎么能期待去控制别人呢？

放下不执着，不是对你能力和价值的否定，而是告诉你，社会运行规律就是这样，你能控制的东西并不多。

第二天　情绪到底是什么

你是主人公吗

你能准确描述什么是情绪吗？相信很多人都不能。

不能描述情绪的人往往最需要他人提供情绪价值。

你认为情绪有好坏之分吗？

很多人对情绪的了解少之又少，只是模糊地知道我好像状态不好，不想工作、不想睡觉、不想和朋友聊天。我们对于情绪的理解，更多的来自我们的行为。我高中的时候动不动就胸闷、胸口疼、头疼，我担心自己是不是快要死了。但我没有听过焦虑这个词，也没有听过恐慌这个词。我不知道自己发生了什么。但是，只要能正常生活，一切都没有问题。

近年来，大家对情绪多了一些理解。"做情绪狠人""提供情绪价值"这些词翻来覆去地在社交圈出现。这既有好处，也有坏处。好处在于我们知道了这个事情的存在，坏处在于我们止步于记住这个词，并没有认真体会过，情绪施加在自己身上是什么样子？这个事情很重要，如地壳内部有很多的碰撞、冲击，但它并没有表现出异样，一旦到了某个时机，就会导致地震、火山爆发。这都是我们不想承受也无法承受的痛。这也就是为什么，在很多恶性事件报道中，某人杀了人，但他周围的朋友都称他友善、待人接物很得体。因为他们呈现出来的是被压抑了恐慌、孤独、怨恨、嫉妒等负面情绪之后的好的一面。

今天先和大家分享情绪的三成分，一是想法，二是身体感受，三是行为。本来情绪就像龙卷风，你不知道卷起来的有些什么，但今天拆分之后，你就会懂了。

想法促发了情绪

你的世界不是真实的世界，而是你想象的世界。

如果你听过这句话，也能理解，你就会知道想法是如何影响情绪的。

朋友不回消息，你感到沮丧，因为你的想法是"他不喜欢我"。

但也有以下 N 种可能：

- 你的消息被其他信息掩盖；
- 他不知道怎么回复；
- 他正在忙，没时间回复；
- 手机和计算机的消息不同步；
- 他觉得聊完了没必要回复。

也就是说，如果你换一种解释：手机和计算机的消息不同步，你就会淡然很多。

你甚至会想到，以后我得经常查看一下手机，不要漏掉了别人的消息。

是不是在给出不同的解释后，你会产生不同的情绪呢？

所以，并不是事情本身会让我们产生怎样的情绪，而是我们对同一件事的不同解释，让我们有了不同的情绪体验。

有时候真相就是如此残忍，也许对方真的不那么喜欢你，你对他来说没有那么重要。但你也要看到，还有没有另外的可能？对方很忙、不太善于回复你富有感情的信息（并不是每个人都有能力忠于自己的情绪和内心，他们无法以敞开的方式来面对你）。我们不必如此僵硬地看待这个世界，只要做到进可攻、退可守，就可以把主动权掌握在自己手中。

情绪会促使我们做点什么

你可能没有意识到，生活中的部分行为都是由情绪驱动的。假设你马上要演讲，你的想法是"我担心讲不好，我好紧张"；你的身体感受是心跳加快、头皮发麻、喉咙干；你的行为是不断喝水以便让自己的嘴唇不会那么干。

你可能没有意识到，你一分钟之前才喝了一杯水，现在又喝了。

我们看不见想法，也只有在很认真地体会时，才能感知到想法。行为是外显的，是我们能够把握的东西。

在现实生活中，情绪之所以会给我们带来困扰，是因为我们过度依赖行为来调节情绪，希望能让自己好受一些。例如，下班之后刷剧就可以让我们放松心情，缓解紧张的神经。

那么，情绪到底是什么呢?

情绪就像身体的反应，是我们难以控制的。例如，你并不能提前知道你会突然产生什么情绪。很多时候，你还没来得及告诉自己，不要这样想，情绪就已经出现了。有人会为情绪感到羞耻，觉得我不该有这种焦虑、抑郁的情绪。可是，情绪猛烈的时候就像拉肚子，是我们控制不了的。人拉肚子的时候会去医院治疗，而情绪"拉肚子"的时候，你却只会责怪自己，为什么如此脆弱。

　　也许以往我们对待情绪的方式都是错的，是时候重新认识你人生的重要部分——情绪了。

第三天　情绪给我们带来了什么

你是主人公吗

你身边有没有这种人。

事情已经发展到"火烧眉毛"了，他依旧可以慢慢悠悠地做自己的事情。

说话不紧不慢，凡事都会说："让我想想，再回应你"。

被人攻击、谩骂、讽刺时，他反而会心疼对方，在他身上浪费了能量。

毫无疑问，这些人都是"情绪王者"，是能够掌控情绪的人。

你有没有想过情绪有哪些好处？

要把情绪的好处讲清楚特别难，因为每个人都想要正性情绪多一点，负性情绪少一点。这是因为大多数人不明白负性情绪也有好处。

如果你有一个宝宝，当他哭的时候，你会去看看他，是不是尿了、饿了或者不舒服了；如果一个成年人哭了，你也会关心他，当你知道他现在正在面临困难时，你也想要帮助他；当我们哭的时候，也会引起亲朋好友的关注。所以，虽然哭是一种负性情绪，但它也有一个好处，就是给别人提供信息。

当一辆车突然停在马路转角处，你差点撞上时，你以后就会长记性，提前确认转角处有没有车。这件事就可以提醒自己注意交通安全。

你还没有开始着手写论文的时候，每天早上都会产生焦虑的情绪，使本来想赖床的你，立刻就起来了。这就是情绪体验给你带来了压力，激发你立刻开始行动。

那么，情绪到底在提醒我们什么呢？

- 抑郁情绪可以提醒我们多休息，找朋友聊聊天，获得外界支持；
- 恐惧感可以让我们远离危险，保护自己；
- 焦虑情绪会提醒我们赶紧行动，解决问题；
- 愤怒情绪可以促使我们为自己的权益发声，保护和捍卫自己的利益。

既然情绪本身是有益的，我们为什么会如此厌恶这些情绪呢?

你的想法往往是侵入性、破坏性的

负面的情绪体验会带有一定的侵入性和破坏性。所谓侵入性，就是你明明不想要这些想法，可是想法还是会像洪水一样向你涌来。所谓破坏性，就是想法都是负面的、灾难性的。

我们的大脑里有成百上千种想法，这些想法还会相互驳斥。它们就像是在开战的双方，而大脑就像是满目疮痍的主战场。你越试图去劝阻或者直接跟想法开战，你就越辛苦、越难受。

你的身体感觉很难受

有的人虽然没有特别的疼痛感，但是会觉得自己哪哪都不对劲；有的人则过分疑病，觉得自己这里有病，那里也有病。

面对这种情况，很多人只是急于缓解不舒服的感觉，却从来没有想过，身体想要告诉我们什么？其实这是身体在向我们发出信号，只是我们日复一日的忙碌，没有抽出时间来仔细倾听我们的身体罢了。

行为给你带来了麻烦

你在愤怒的时候，打了别人两巴掌，这个后果很严重吧；你在焦虑的时候，不断地给暧昧对象打电话，你们的关系本来好好的，却因为这个问题结束了，你很自责吧？很多时候，不良情绪会导致我们的行为失控。那么，我们理所当然地想要从源头消灭情绪。

告诉你一个坏消息和一个好消息吧，坏消息就是情绪无法被消灭，好消息就是我们不需要消灭情绪，甚至我们可以利用情绪，生活得更好！

第四天　情绪失控意味着什么

你是主人公吗

小倩和小钊相处了一段时间后，他们再一次谈到是否需要确认关系的问题。小钊说："我们还是不要在一起了吧。"

小倩的眼泪立刻流了下来，其实小倩知道小钊是喜欢她的，只是需要一些时间。但是，曾经理智的小倩受到不良情绪的影响，她产生了自己是不是不够好的想法，感受到即将失去一个亲密爱人的失落，以及对自己因为焦虑搞砸一段关系，未来是不是也会如此糟糕的恐惧。

小倩很想放松下来，不着急确认对方是不是对她好，是不是会喜欢自己。但她为什么还是会反复陷入焦虑的情绪中呢？

你看完这个故事，是不是想到了情绪是如何压倒理智，做了一些让自己后悔的事情？

一些自己明明知道如何做会更好，却因为复杂的情绪涌上来而不管不顾，让自己陷入困境中的事情。

其实这种事并不少见。

在写论文时，突然觉得很无聊，就打开了视频软件，开始刷视频？

到了该睡觉的时间，却因为回避孤独而不肯放下手机一直熬夜？

被领导要求完成不是自己分内的工作，却因为害怕发生争执而被迫接受？

很想交朋友，却因为害怕被拒绝，从来不主动开口？

以上的事情有两个共同点，一是这些事都很小，但日复一日的挫败感会让你失去对生活的掌控感；二是你足够聪明，知道如何做是对的，但就是做了"错的选择"。

之所以会这样，就是因为情绪反应太强烈了，让你失去了对自己行为的控制。

什么叫情绪失控

所谓情绪失控，就是情绪让我们产生了"过度"的想法、身体感受和行为。

大家都听过"德不配位"这个词，本意是一个人自身的德行，无法与他的社会地位及享受的待遇相匹配。引申开来，也会有你的能力与实际要求匹配不了的意思，从而带来一系列的问题。

与此相似，情绪失控的原因就在于我们的行为反应与实际情况不相配，而是过激了。例如，领导还距离你10米远呢，你就赶紧躲开了；你周围20平方米都没有车，你却不敢踩油门；面对只有10个人在场的演讲，虽然你准备了3个月，但在演讲前你还是逃跑了。

这些表现说明不是你的情绪有问题，而是你的行为有问题，或是强度不匹配。

- 对地位高的人有恐惧感是我们的正常反应，它会提醒我们对地位更高的人要毕恭毕敬的，不能像对待同事一样随意。

- 开车小心这件事也很合理，因为小心驶得万年船。但是，不踩油门不加速，原本只需要开 20 分钟的路，你却开了两个小时，这样也会带来其他风险。

- 演讲焦虑很正常，谁不害怕在大众面前演讲呢？我们会在乎自己在他人眼中的表现，这会帮助我们做好准备。但本该你去演讲，你居然半路逃跑了，别人会怎么看你，你又会如何看待自己？

所以，你要先识别自己的情绪反应是否和大多数人的程度一样。因为每个人都会有情绪，情绪反应的强度也是一个连续谱。只不过有些人的情绪反应性很高，很容易有负面的、强烈的情绪体验，这并不是一个绝对的问题。因为非常容易感受到负面情绪的人，也能更多地体会到积极情绪，所以不用责怪自己为什么会有如此强烈的反应。

常见的情绪失控有哪些表现

除了大吵大闹、远离领导、开车过分小心这些我们能够觉察到的行为失控，还有一些很细微的行为，也是源于你无法接纳自己强烈的情绪。

1. 情景回避——回避某一个具体的场所

不敢一个人坐电梯；

不敢坐重要家人开的车；

不敢去人多的地方。

2. 认知回避——回避自己脑海中的想法

最常见的就是分心，转移注意力；

强迫自己只想到好的方面，不能接受负面的想法；

思维抑制，不让自己有某个想法。

3. 行为回避——做某些事情来回避当下的状态

刷手机、打游戏；

吃东西；

任何的物质成瘾，如抽烟、喝酒。

4. 安全信号——一直要携带某个东西

手机，很多人只要没带手机就会觉得没有安全感；

纸巾或其他的必需品；

雨伞或其他能够保护自己的东西。

这些都是你害怕面对某些强烈的情绪，而想要做的事情。很多人没有意识到，自己玩游戏并不是因为多喜欢，而是为了躲避孤独。其实越打游戏就会越孤独。我们走出情绪怪圈的正确方式是觉察自己的情绪体验。

如何走出情绪失控的循环

你是否有足够的动力尝试采用一些方法远离手机，还是不愿承受这个痛苦，接纳自己对手机的依赖。

任何不是你自己想要改变的行为，都很难去尝试改变。有人宁愿一直走楼梯，也不愿意尝试坐电梯；一个成年人宁愿做朋友、同事眼中的"怪人"，也要时刻带着史努比娃娃；有些人宁愿背 3 年雨伞，也不愿意接受 1% 淋雨的机会。

你想要的是什么？如果你想过有选择的生活，就意味着你要承担部分的痛苦，同时，还需要考量你的经济实力和价值观，你是否愿意支付一点费用找个好点的心理咨询师。当然，并不是每个人都对心理学有如此赤诚的信任，世上还有很多舒缓情绪的生活方式，适合你的就是最好的。

第五天　对情绪的误解越多，被伤害得就越深

你是主人公吗

我从小被教育，因为我是男生，所以我不能哭，我要保护妹妹，我需要坚强。

我的情绪很敏感，爸妈说我太敏感了，这样会不开心，不要那么敏感。

我是个女生，我很难对其他人说，我需要他们。因为我认为，需要他人是脆弱的表现。

很多人说要掌控情绪，甚至说要做"情绪犯人"，其实大部分人对情绪的认识还是存在偏差的。

有情绪的人很幸福

每个人都有情绪，但有情绪并不等于脆弱，即便是脆弱也没有关系。

有研究显示，女性存在的更多的问题是情绪问题，如抑郁、焦虑；男性存在的更多的问题则是行为问题，如多动、冒险。但焦虑、抑郁、敏感等情绪容易被否定，而探险活动则是被认可的。

只不过，女性会活得更久。大概是因为女性愿意承认自己的情绪，能够及时接受疏导，而且能更多地感受到生活中的细微美好。男性则是把情绪藏在心里，将自己的内心塞得满满当当的。

如果我们不能坦然面对负面情绪，就无法做到情绪稳定，更无法为他人提供情绪价值。

所谓的情绪稳定，并不是没有情绪，而是能够尽快从负面情绪中恢复过来，投入当下，做自己该做的事。

人的情绪就像一个导航系统，会帮助我们选择不同的岔路。今天开心了，就和这个人一块玩；明天难受了，就少干一点活。情绪就像天气一样变化莫测，如果情绪过于稳定，就相当于我们茫然地透过玻璃窗口，傻乎乎地看着外面的雷雨交加或风和日丽。在情绪稳定的人眼里，这两者没有分别。如果是这样的话，活着又有什么意义呢？

情绪会来也会走

你一定玩过乒乓球，是不是在抛出乒乓球后，它会自己跳上一段时间，最后停下？

情绪有点像乒乓球，首先回弹很高，再挣扎很多下，最后一定是归于平静，也就是说情绪会来也会走。你再回想一下，你有什么情绪是一直持续的呢？持续一天、一周还是一个月？有些时候可能是前五分钟快乐，后五分钟又开始焦虑。即使是焦虑一小时，快乐一分钟，也可以说，情绪并不会一直持续。

有些人可能存在心境障碍，或者是焦虑症，会体验到较长时间的抑郁、焦虑情绪，会以为这些感觉是生活的全部。但实际上也会有那么一个瞬间，他们被某件事逗乐了。情绪体验本身就是一个连续谱，每个人都会在毫不抑郁和极度抑郁之间有个落点。当你不清楚自己处于什么样的状态时，可以及时求助医生，这是很有必要的。但对于大多的偶发状态不对，你不必非要给自己贴个标签。

无论是快乐还是悲伤的情绪，它会来也会走。你想让它快点走，它也不会走；你想让它留久一点，它也不会留。

面对情绪，很多人往往做了些不正确的事情——压抑情绪。

为什么压抑情绪不好

刚刚我们提到了，情绪会来也会走。很多人的情绪久久不能平复，恰恰是因为他们用了不恰当的方式去处理情绪。

情绪就像水面的涟漪，如果你不去干预它，它很快就会归于平静；如果有风，就会再起涟漪；如果你想用手抚平它，水面就会一直有波澜。

我们采取了很多行动让情绪短暂消失。如玩了一会手机，这种难受的感觉不见了，但情绪卷土重来的时候这种不适的感觉会更加强烈。因为我们没有习得可以应对情绪的自我效能感。其实，我们是有能力面对挑战的。只是我们还不了解，情绪会来也会走。最后演变成，事情还没有发生，就已经让我们感到恐惧和害怕。

很多人处理不良情绪的策略就是压抑（我不表现出来）、否认（我不该有这样的感受），告诉自己这件事这样运转很合理。这样做短期有用、长期有害。

对情绪的不接纳和抑制，反而会让情绪变得更为强烈。我们需要做的就是任由情绪存在，并好好利用它。

第六天　做一个情绪科学家之管理情绪

你是主人公吗

小 a 在心理咨询师的指导下，终于总结出他只有处在以下情景中时才会发脾气：他担心不被爱的时候；不断检查对方是否回复消息。心理咨询师告诉他，可以尝试删掉那些不及时回复消息的人。但是，只要别人不回复消息，他

还是会暴怒，这样的场景反复上演。于是，他陷入了恐慌—自责—焦虑不安的循环中，只好再次求助心理咨询师。

通过阅读前文，我们已经达成了几个基本的共识。

- 情绪是有功能的、有价值的，它会提醒我们该做什么、该注意什么。
- 情绪会来也会走，无法抑制且无法消除。
- 我们只能管控自己的行为。

那么，不良的情绪管理循环是什么样呢？

情绪就像信使，如果你焦虑是因为还有事情没有做好，"信使"就会提醒你该行动了，但你会说"我太糟糕了"，并从此陷入恐慌。所以，你不愿意这个"信使"出现，因为它会让你感到痛苦。于是，你把"信使"关在小黑屋里，眼不见为净。在现实生活中，这些行为就等同于你强行压抑自己的情绪，分心也好、疯狂联系他人也罢，就是不想让情绪再次出现，可是它是你的信使呀，你只要见过它就忘不掉了。你根本无法抑制，总是回想"信使"给你的提醒，从而引发了一系列"我管控不了情绪"的挫败感。

那么，好的情绪管理方式是什么呢？

认为情绪存在是正常的、合理的，即使再难受我也要接受这个情绪的存在，不去抑制和消除它，然后投入当下做情绪来临之前我们该做的事情。

只可惜，大多数人管理情绪的现状并不是这样的。

不良的情绪管理循环

你有没有发现，很多人会陷入以下的矛盾之中。

玩手机的时候是快乐的，玩过之后又开始自责浪费了时间。

生气时大喊大叫是爽了，之后又开始后悔不够冷静。

不断地吃东西，任由多巴胺狂飙，吃完之后又开始不舒服。

这是为什么呢？因为我们会当下快乐、未来痛苦！短暂愉悦也好，回避痛苦也罢，都是当下的。从长期来看，你该做的事情一点都没做，你要去收拾吵完架后的烂摊子，你会变得越来越依赖食物。

物质世界是没有二元状态的，桌子就是桌子，不会变成椅子（你强行改变它的作用除外）。但人的状态是矛盾的、混沌的。我们可以既堕落又上进，既躺平又竞争。所以，我们的行为和思想也是矛盾的，想的是这样，做的又是那样。

我们想要回避痛苦，这是天然的反应；我们想要解决问题，这是后天的约束。当两者僵持不下，无法做出更优的第三选择时，我们就会被情绪带偏，导致大多数人误以为，情绪是坏的。其实不是情绪坏，而是情绪诱使的行为有问题。

如何科学管理情绪

管理情绪可以分成如下三步：

- 判断情绪是什么；

- 情绪让我们做什么；

- 不去回应情绪，不去做情绪影响下我们会做的事。

也就是我们要做管理情绪的"科学家"。我们可以做下面的实验。

被拒绝后想吃冰激凌，我们就换一个行动，如跑步、和朋友聊天；但凡我们想要回避某些强烈的情绪，我们就直接面对它,如直接和领导说"我现在有工作要做,您觉得哪个工作更为重要一些呢?"

因为情绪体验是内部的,我们可以允许自己的内心翻江倒海,只要行为是符合你的利益选择就可以了。要想减弱情绪对你的影响,只有一个方法,就是不那么听情绪的话。你的情绪让你做什么,你就不做;你的情绪让你回避什么,你就要去行动!记得是改变行动,而不是否认情绪。不要试图压抑情绪,说我不要焦虑。而是告诉自己,我可以焦虑,但在下次焦虑的时候,我只吃 1 个冰激凌,而不是 3 个。

改变行为之后会有什么样的结果呢?焦虑也好、抑郁也罢,情绪本身都不会再成为问题。改变行为之后的情绪表现如表 3-1 所示。

表 3-1 改变行为之后的情绪表现

情绪	发生情绪时我们的第一反应	改变行为
焦虑	一定要把未来想清楚	停在原地,什么也不做
抑郁	只想躺在家里	接受朋友的邀约,先出去 15 分钟
愤怒	大发脾气,伤害到其他人	喝杯热茶冷静一下

改变行为之后是不是发现情绪对我们就没有那么大的影

响了呢?

记住, 越害怕什么, 就越要去做什么! 去演讲、和领导沟通、和陌生人说一句话。

管理情绪的收获

- 当害怕的事情发生时, 如果你并没有做到完美, 你就会发现领导也没有说什么。你的脑海中, 那个 "我一定要做到完美, 不然领导一定会认为我的工作能力不行" 的想法会不会发生改变? 你可能会反思, 我的想法真的是对的吗?

- 当焦虑来袭时, 你没有沉溺于这种情绪之中, 而是选择了做事情, 如看论文。你会发现, 原来看半小时论文也没有那么困难。原来你的能力要比你想象得强。你获得了充分的自信。

- 心情不好的时候没有窝在沙发里, 而是走出去和朋友待在一起, 发现这种感觉还不错。下次你再不想起床的时候，打电话向朋友求助的勇气又多了一分。

做了这些改变之后，你收获的将是新鲜的体验和对自己的全新认知。

知行合一，最难的是情绪这一关。大多数人都有野心，想要在某一方面取得成功，但他们害怕失败、瞻前顾后、不够包容。所以，很多人都败在了情绪这一关。

第七天　行动起来，彻底改变

正常化你的痛苦

回想一次你最近感到不愉快的经历，可能会产生愤怒、无助、生气、尴尬的情绪，试问自己，别人会不会经历，你眼中情绪最为稳定的人会不会经历？问自己之前和问自己之后，有哪些不同的感受？

不愉快的经历：

你眼中情绪最稳定的人的名字：

反思前后的不同感受：

学习描述情绪感受

（1）写出你知道的负性情绪词汇。

_____

_____

（2）写出你知道的正性情绪词汇。

_____

_____

（3）写下你曾经体会过的身体感受。

_____

_____

回想一次负面情绪产生了哪些积极的后果

发生了什么事：

_____

_____

你产生了怎样的情绪：

_____

_____

负面情绪产生了哪些积极的后果（也许发泄负面情绪会给你带来麻烦，但它也会产生一些积极的后果）：

_____

_____

列举你对情绪失控行为的理解

以我为例，我在挫败的时候会不停地吃东西。我意识到了，只有吃撑了还吃才叫失控。如果只吃一点点，那叫照顾好自己。

请你列举出自己对情绪失控行为的理解。

_____

_____

列举你无法处理自己情绪时的回避行为

产生的情景：不太能面对一定会否定我的场景。

认知：会强迫自己只想好的方面，不愿承认自己有弱点。

行为：吃东西、长时间看电视。

以上是我的行为，请你列举出在什么样的场景下，你会产生负面想法，并做一些让你厌恶自己的事情。

_____

_____

识别让你产生强烈情绪的环境

虽然耐受负面情绪可以帮助你提高情绪的耐受力，但你不需要时时刻刻让自己处于纠结、抑郁的负面情绪中。我们是环境的产物，很容易被环境影响。所以，你需要先识别出什么样的场景最容易让你产生强烈的情绪（如表3-2所示）。

表 3-2　让你产生强烈情绪的环境（实例）

最近感觉受到困扰的场景
向领导汇报，很担心他只发泄情绪，不指出我的问题，消耗了我很多情绪
一坐到桌前就想追剧，追剧的时候还会暴饮暴食
晚上睡前总会看手机

请根据你的经历和感受填写表 3-3。

表 3-3　让你产生强烈情绪的环境

你最近感觉受到困扰的场景

远离或改造环境

我们总说，只有善于适应环境，你才是个能干的人。只是你要理解，真理是相对的，而且是有边界的。面对让你感到困扰的环境，你为什么不能改造环境或者远离这个环境呢？面对困扰时，我做出了如表 3-4 所示的选择，你也可以把你的选择填入表 3-5。

表 3-4　面对困扰时我的选择

最近感觉受到困扰的场景	远离还是改造它
向领导汇报，很担心他只发泄情绪，不指出我的问题，消耗了我很多情绪	换一份工作吧，与其让我面对、适应领导，还不如换个新的领导
一坐到桌前就想追剧，追剧的时候还会暴饮暴食	追剧是因为孤独，我可以有意识地多和人相处，以及不买零食
晚上睡前总会看手机	把手机放在客厅，或者在吃过晚饭后专门安排一小时玩手机

表 3-5　你在面对困扰时做出的选择

最近感觉受到困扰的场景	远离还是改造它

情绪强烈时，你做了什么

我们可以看看，我们在这种情景中做了什么？如表 3-6 和表 3-7 所示。

表 3-6　情绪强烈时我的行为

最近感觉受到困扰的场景	我的行为
向领导汇报，很担心他只发泄情绪，不指出我的问题	一直拖延着不去汇报
主动给约会对象发消息	心里想他，但不发消息，甚至开始不看手机，害怕收到什么坏消息

（续表）

最近感觉受到困扰的场景	我的行为
晚上睡前总会看手机	曾经强制自己放下了手机，但睡不着又拿起了手机

表 3-7　情绪强烈时你的行为

你最近感觉受到困扰的场景	你的行为

你是否有更好的选择

那么，你是否可以有更好的选择？如表 3-8 和表 3-9 所示。

表 3-8　我更好的选择

最近感觉受到困扰的场景	我的行为	更好的选择
向领导汇报，很担心他只发泄情绪，不指出我的问题	一直拖延着不去汇报	先和领导约定好汇报的时间，并表达一下你的担心，用时间节点推动自己往前走
主动给约会对象发消息	心里想他，但不发消息，甚至开始不看手机，害怕收到什么坏消息	直接发消息，如果发个消息就会错过对象，那还有什么好谈的
晚上睡前总会看手机	曾经强制自己放下了手机，但睡不着又拿起了手机	试试看，睡不着也不看手机会发生什么

表 3-9　你更好的选择

最近感觉受到困扰的场景	你的行为	更好的选择

实施了更好的行为后，我们的收获和感受如表 3-10 和表 3-11 所示。

表 3-10 我的收获和感受

最近感觉受到困扰的场景	我的行为	更好的选择	行动后的收获和感受
向领导汇报，很担心他只发泄情绪，不指出我的问题	一直拖延着不去汇报	先和领导约定好汇报的时间，并表达一下你的担心，用时间节点推动自己往前走	领导一直在等我，他说完成比完美更重要
主动给约会对象发消息	心里想他，但不发消息，甚至开始不看手机，害怕收到什么坏消息	直接发消息，如果发个消息就会错过对象，那还有什么好谈的	他居然会问我是不是喜欢他
晚上睡前总会看手机	曾经强制自己放下了手机，但睡不着又拿起了手机	试试看，睡不着也不看手机会发生什么	在烦躁、郁闷、无聊中睡着了

表 3-11　你的收获和感受

最近感觉受到困扰的场景	你的行为	更好的选择	行动后的收获和感受

在这里我们采用的是暴露疗法的原理：直面自己害怕的事情。你既可以直接挑战最猛烈的刺激，也可以将你的任务细分成一个个可以完成的事项。

例如，你害怕在公司组会上演讲，你可以：

先在家人面前讲 1 分钟；

再在朋友面前讲 5 分钟；

现在公司组会上讲 3 分钟；

再在公司组会上讲 10 分钟。

逐级暴露没有那么难受，也可能会让你获得一个崭新的开始。

开始吧！朋友。

第四周

[FOUR]

投入行动

立刻行动是"想太多、做太少"的人的救星。但是，即便有目标、有动力甚至有大棒在后面追着打，很多人也不一定就能开始行动。不要责怪自己半途而废，能不能做并不完全取决于我们的意志。意志强确实能让我们多做点，但过于坚强的意志对生命也是一种消耗。

有人把行动当作生活中一定要完成的责任，而不是主动追求的乐趣，在玩乐和放松的同时又觉得惶恐和不安。这就会导致我们的生活异常辛苦，尤其是近些年，危机感充满了我们身体的每一个细胞。

当下就是安放我们不安的唯一时刻，行动则是我们与生活交互、和命运抗争的一把利剑。

现在我就和你分享挥舞利剑的方法，开启你的屠龙之路。

行动的意义不在于争夺稀缺的资源，而在于创造。

第一天　建立动机

你是主人公吗

"想进步又每天堕落的人，进来挨骂，骂醒你"

"一个普通女孩的十年，谁也没想过我会有今天"

"女孩的黄金五年，高速成长不费力的 3 个要素"

这样的标题触动过你吗？

显然火爆的内容是有共性的，

它们激发了我们心里熊熊燃烧

的动机——一种未来我会变好

的可能。

为什么改变这么难

你想改变吗？

小肚腩变成马甲线，"熬夜星人"变成"清晨霸主"，或者仅仅是让生活变好 1%！

我知道你想，可为什么我们年年树立目标却年年倒呢？

这不怪你，只能怪人本身就是矛盾的。

每个试图变好的人心里都有两个"小人"在打架。一个名叫"改良"，另一个名叫"守旧"。"改良"享受运动的快乐，"守旧"沉迷于提拉米苏蛋糕的诱惑；"改良"惊叹早起的元气满满，"守旧"则心安理得熬最深的夜。

我们不能偏袒任何一方，只需要包容两个不同的"小人"，因为不管是"改良"还是"守旧"，都只是在试图照顾自己。毕竟在吃甜点和放松刷剧的那一刻，快乐是真的。不妨让我们来列一列"改良"和"守旧"的优缺点，分别如表 4-1 和表 4-2 所示。

表 4-1 积极改变的优缺点

积极改变的好处	积极改变的坏处

表 4-2 维持现状的优缺点

维持现状的坏处	维持现状的好处

对比之后你会发现，维持现状会有好处，像社恐的人不去社交，就不会被拒绝；改变振奋人心，但也有坏处，像社恐的人开始说话时会脸红、心跳加速，甚至会感觉自己快要死了。

如果你认真思考一番，就会发现，改变值得！

下面说说如何实现改变。

实现改变的三大黄金要素

现实挺讽刺的，只有感到足够痛苦，我们才会想要改变，但越痛苦，就越难改变，像是一颗坠入低谷的小球，需要借助 1200 分的力量，才能蹦回平地。

我们要屈服于现实吗？当然不能！

下面列举实现改变的三大黄金要素。

1. 用积极情绪来驱动自己

大家总喜欢用负面情绪如愧疚、自卑、恐惧来鞭策自己，就像用烧红的铁鞭去抽马，马是跑了，还跑得挺快，但马受伤了，必然走不远。

有些人会担心，一旦自我鼓励就走不动了。其实，马吃饱了，还得遛弯消消食呢，何况人。只要你不用铁丝网罩住自己，就可以"生根发芽""破土而出"，长成直冲云霄的"大树"。

所以，一定要多鼓励自己。

2. 提前设想困难预案

你不是金刚，而是人，人总会有做不到的时候。昨晚信誓旦旦今天跑步，早上突然心情跌到冰点。这时责怪自己为什么不能做到，只会让下一次坚持变得更难。

所以，不妨在心情好、亢奋的时候提前想想问题的预案。

即使没完成预案，也可以接纳自己，因为接纳就意味着不要把能量浪费在批判上，你就有更多的力气干活了。

3. 改变说话的方式也可以改变人生

- 我真的想脱单，但我不想约没有一见钟情的人；
- 我好想减肥，但我不想累得喘不上气；
- 我想多读点书，但我无法放下手机。

一旦加上"但"字，就变成了你想改变的事情无关紧要，你更相信"但"字后面的理由。

不妨先试试改变语言习惯，把"但"改成"同时"。

我想多读点书，同时我无法放下手机。

改完之后，是不是"无法放下手机"这句话就没那么挫败了呢？

再试试把"同时"改成"而"。

我想多读点书，而我无法放下手机。

是不是"无法放下手机"就变成了一个小小的阻碍。

你可以把任何一句用"但"连接理由和困难的话改写

一遍。

这三个方案都能提高我们的自我效能感——相信自己，相信相信的力量。

无行动、不生活，期待你接下来的行动，去实践吧。

第二天 唤起生活的乐趣

你是主人公吗

小桃只要遇到不
快乐的事情，就会玩手
机、点外卖、吃东西。
直到有一天，她偶然走
进了一个公园。发现奶

奶们在唱歌，爷爷们在拉二胡，年轻情侣在牵着手散步，小
孩在玩"小石头都是鲨鱼，你别踩到了"的游戏，她才发现
生活并不像网文上写得那么焦虑不堪。

我们想改变生活，并不是急于做什么大事，而是要逐步找回丢失的愉悦感。所以，先尝试着做些真实存在的事情吧。

一旦放下手机、走出房间，你就会发现一个五十来岁的、胸肌在发抖的大哥在诠释着运动的魅力。

我们爱玩手机不只是因为我们懒，还可能是因为我们低自尊、没钱、没朋友、没伴侣，我们只能寻求手机的安慰。

只要手机在你的视线范围内，甚至只要和你同处在一个封闭的空间内，你的注意力就会被它吸引、分散，更别说它就在你的眼皮底下，还有消息在不断弹出，你对自己说"看一会""就看一会"，然后你就会被卷入到短视频之中。这种"陷阱"你都经历过吧。

但是，放下手机并不是一件容易的事情。

我就经历过以下蠢事。

- 关机 24 小时。这 24 小时是不玩手机了，但任务结束之后我会报复性地玩。
- 不把手机带回家，而是把它存放在图书馆，然后发现没有门禁卡，被关在门外半小时。

- 不看手机但一直盯着消息，结果比看手机更分神。

放下手机和自律一样，不是玩手机是好是坏的问题，而是你这样玩手机，到底能不能给你带来你想要的生活的问题！这是一种自我价值的选择。

如果你有一个魔法棒，能够帮你实现所有想做的事情，你还会玩手机吗？不会吧。

人是自己生活的第一责任人，一种有自尊的生活实践是为自己想要的生活做出承诺。

所以，玩不玩手机并不重要，重要的是你会选择哪种生活方式。

借助外力，让自己动起来

让当代人出一趟门简直是太难了。不管是逛商场，还是出去运动，出门之前都会受到无数"小人"的阻拦。这时候的自己就像是一艘丧失动力的船，需要有人推一把才行。

此刻，借用外力推自己一把非常重要，以下给出一些实用的小贴士。

（1）在精力旺盛的时候，和一个你喜欢的朋友约好，你们在什么时间做什么事情。告诉他，你有可能会半路放弃，请他一定要督促你按时完成。

（2）给自己安排一些固定的活动行程。例如，每周六写毛笔字，每周日听脱口秀。每天下午 4 点运动，每天晚上 9 点看一个小时的书。这些固定的行程很枯燥，但会在你意志消沉的时候给你一点点动力。我在这个时间段有这个选项，我可以做这些事情，而不是我不知道我要做什么。你既可以从这些活动中获得掌控感，也可以获得愉悦感。

（3）如果你是上班族，你就是幸运的，因为你有个固定的行程——上班。但对大多数存在焦虑情绪的人来说，他们已经退出了社会，他们不被约束，也不被支持，很快大家就会忘记这个人的存在，出现或不出现已经不会给人造成什么影响了。所以我建议，容易不开心的人一定要去上班。不一定要和多少人打交道，即便是拆拆螺丝、给花浇水这些简单的工作，也会带给你一份安定感。

先做些简单的事情

对每个人来说，简单的事情都不一样。有两个标准供大家参考：一是以前自己做起来得心应手的事情；二是不会被评价的事情。

- 如果你以前喜欢做饭，你就可以去充满烟火气的菜市场逛一逛。现在市场上的蔬果都摆放得干净整齐，那种自然给予的丰硕是会带给你力量的。

- 如果你有某个一直想学却没时间学习的爱好，不妨安排时间学一学。不要让自己卷入会被评价的爱好里，不要为了竞争去开始一门爱好。现代人想赢的念头太过强烈，会让我们有很强的挫败感。

- 如果可以，和你喜欢的朋友待在一起。独处很重要，和其他人相处也很重要。人的基因里会有对连接感的需求。有人陪着，即使不说话，感觉也会不同。

运动是个好的选择

运动会改变大脑，会分泌脑源性神经因子、多巴胺、血清素、内啡肽等一系列快感缺失的人需要的激素。

运动有很多种，也有不需要和人待在一起的运动方式。跳绳、跳舞、游泳、健身等运动就不太需要和其他人一起进行。你可以自由自在地体会运动的快乐。不用强求自己练够半小时，哪怕你只是进健身房锻炼 5 分钟也好，跳绳能跳 10 下就很好了。

刚刚提到的运动都是偏室内的运动，其实我更推荐室外的运动。飞盘、散步、跑步、骑车、徒步等运动形式在这几年都逐渐流行起来。不知道大家有没有这种感觉，就是宽敞的屋子会比狭窄、黑暗的屋子更让人心情愉快一些。所以，接触大自然会让人心情变好。

如果你没有办法腾出专门的时间来运动，就可以先从工作中的细节开始，每半个小时站起来接个水、望望远方。眼睛疲劳会让你感到身心俱疲，所以我们需要让眼睛也适当休息一下。最好是每 20 分钟站起来望 20 米远的地方，持续

20 秒。

　　当然，我非常推荐团体运动。如果你在学校，就太幸福了，你有很多社团可以选择。如果你在上班，也不妨在旅游软件、微信公众号上搜索一些户外活动。报名参加个培训班也不错。有完整、系统的学习教程，有学习的压力，有成本投入，有老师带，参与性会提高很多！

第三天　你想追求什么样的生活

你是主人公吗

我爸只读了三年书，我妈读到了初三。我爸是花炮厂里最优秀的工人，我妈在煤矿里捡煤，洗一次澡都要用掉三桶水。他们结婚后，办砖厂、卖烟花、卖小菜、卖衣服、做批发、开工厂。到了快 60 岁的年纪，他们又开启了事业的第二春。

短短几十个字描绘了努力勤劳可能算不上成功的人的大半生。他们回味过往 40 年的奋斗，有自豪，也有叹息；有遗憾，也有欣喜。

你想过什么样的生活呢？

有人告诉你要努力工作，也有人告诉你要关注生活；有人让你追求社会地位，有人告诉你要多多赚钱；有人让你精致到发丝，又有人让你穿得舒服就好。显然，这些话各有各的好处。于是我们想要兼顾到方方面面，考虑自己做出的每个选择能不能得到社会的认可和家人的支持。

你有没有问过自己想过什么样的生活？

大部分人的矛盾就在于，空想但没有投入实际的行动，同时一天到晚抱怨自己的生活。想要享受那份快乐，却没有付出辛勤劳动。

你可以认真思考，细化你的目标，从十年目标到五年，再到三年、一年，细化到月份，最终就是明天起床你打算做什么。

可能有人会觉得不可思议，那么长远的事情，我怎么能想得清楚呢，十年以后的生活真的能指导我明天该做什么吗？确实有难度，世界在变化，你的境遇也在变，但依旧有些方法可以利用。最好的方法就是找到你的榜样，分析为什么他会成为你的榜样？你欣赏他哪些方面？他是如何做到的？

你的榜样是谁，为什么他会成为你的榜样

你身边优秀的人很多，可能有些人并没有过上你理想中的生活。选择人生榜样的最佳方式就是阅读名人传记。虽然名人的生活和经历远非我们常人能比，但我们可以朝着他的方向努力。

当然，选择榜样并不是让你复刻他的生活，这不可能，也没有必要。只是想让你看到，他的哪一部分是你渴望的，你是被他的哪一部分打动呢？只要明确目标，我们就可以通过各种方式去实现。

人有三大基本的需求，即自主、关系、能力。

有人在乎自主，就是我可以自由自在地过自己的生活；有人需要一个充满联结、关爱的团体环境；有些人则总是不断地向前，在解决一个又一个的难题中得到快乐。

以下是向榜样学习的三个具体方法。

他吃了哪些苦走到了这里

没人喜欢加班，但有人可以承受。不管是为了理想，暂时放弃自己的自由生活，还是收一收自己的清高与自尊，只为了人生重启的那一天。吃苦锻炼的是自己的耐受力，而兴趣驱动的成就感则会带给我们源源不断的动力。

人生的平衡在于，吃一部分苦换来一部分自由。

你的榜样如何看待他自己呢？

这一点是我们模仿的核心。一个你仰慕的人，他看待自己的方式是由他的世界观、人生观和价值观组成的。他是始终对自己不满，还是充满了对自我的关怀和照顾。他只会将他的失败归因于自己，还是会乐观地审视经历过的挫败。他的坚毅或聪敏都是自带的天赋点，但我们可以复制他的思维模式，我们可以取其精华、去其糟粕。

他做了哪些关键的选择？

人生的选择很多，但关键的没几个。

- 一定要有个健康的身体和健全的心智。身体是我们向前探索的资本。

- 拥有富有支持性的人际关系。无数的研究表明，你的关系友善程度可以预测你的幸福感。

- 思维方式渗透在某个思考的瞬间。值得一提的是增强思维力元认知的正念。不管是瑞达利欧还是乔布斯，都将正念冥想视为瑰宝。

对于其他的选择，不要看他得到了什么，而是要看他舍弃了什么。

每个人都想得到好，就看我们承受坏的能力有多强。

他的生活给了你什么动力

他的工作环境如何

工作环境不在于你到底是身处一线城市明亮的格子间里，还是处在某个十八线城市的菜园里，而在于他有多少机会发挥自己的能力，有多少时间投入自己的目标，每天不会被形式、事务性的工作约束。他的团队是否顺应着善意和潮流发展，而不是东一榔头、西一锤子地开展工作？

他的伴侣是谁

每次我看到《围城》，就会产生一种主人公把一手好牌打得稀巴烂的感觉，最后方鸿渐也只是娶了一个孙小姐。世界是现实的，每个人的人格是平等的，但终究有了三六九等，这个等级是指人的能力、社会地位，以及他创造价值的能力。你是想要找一个浑浑噩噩，每天日夜颠倒、泡在网吧里打游戏的人，还是衣着整齐、体贴顾家，对自己的生活充满无限希冀的人？

他的幸福感如何

很多人的事业很成功，可是他一点都不快乐。我们总说，活着不关乎外人，只关乎我们自己。其实并不是这样的，只为自己争名夺利是最没有意义的生活。为社会的进步和发展贡献自己的一份力量，你的快乐会增加许多。能够助人是幸福的，不仅意味着他可能有富足的财力和物力，还意味着他突破了自己的贪嗔痴癫。

人生不在以后，而在当下。如果我们想过上榜样的生活，就可以行动起来。对照你的榜样，从工作、生活、身体、关系四个方面考量、思考你十年后会变成什么模样。

第四天 你的一天该怎么玩

你是主人公吗

你会不会羡慕这样一种人，他们讲什么都能眉飞色舞的，你问他们，周末干什么呀？他们能一天安排 12 种活动。

他们也有烦恼，但烦恼不会大于吃顿好的、玩点刺激的、

探索点新鲜的。好像世界就是个游乐场，我们来到世界上就有了一张门票。即使没钱加速，也玩不了什么高档的专属项目。但对他们来说，这就够了，游乐场是五彩缤纷的。

大多数陷入困境的人，都把生活过成了一个越来越狭窄的漏斗。压缩睡眠、逼自己快点吃饭、拿着行李箱也要骑共享单车，就是为了节省时间。他们还停掉了很多看起来非必要非紧急但能滋养自己的活动，如和朋友散步、写毛笔字。每天的日程就只有工作。

就算是机器都有检修和换班的时候，更别说人了。

那么，我们的一天该怎么过呢？先留出睡觉、吃饭、正常的生活需求（如刷牙、洗脸、洗澡、通勤）的时间。不要试图压缩自己的睡眠时间，也不要像某学霸作息表那样，就给自己 10 分钟的吃饭时间。虽然这看起来很努力，但实际上很危险，一个不断被压榨的人，怎么能期待他有个明媚的心态呢？

你可以参照自己的身体感觉安排时间，如果感觉累了，就放慢一点节奏，如果觉得身心愉悦，就多做一点事。你还会经历很多身心俱疲想要放松下来，但大脑始终停不下来的时刻，这个时候也不要责怪自己，人的状态并不是自己可以掌控的。

至于娱乐需求，我觉得会玩是指两点，一是特意寻找一些有趣的，与平时生活不同的项目；二是在日复一日的生活中用心体验每一个当下。

别让自己成为一个"沙发土豆"

有多少人的娱乐项目只是刷剧、看电影、看短视频呢？我想无论发展多少年，电视剧依旧会存在。但从编剧设定的剧情里回到现实的时候，你多少会有些低落和失望，甚至失去了和自己及社会真实的链接。

我能够理解那种感觉，就是我们的情绪随着情节波动，像过山车一样，忽高忽低、忽上忽下，把我们的情绪体验调动到极致。但很快我们就会感到厌倦，厌倦这种情节或人物表现，导致我们没有力气去响应，从而失去了情绪上的波澜。

看电视剧也有好处，如随时可以看，成本很低、不需要约朋友、能够体验情绪上的波动、忘记当下的困惑与烦忧，但它并不是一个能给我们带来掌控感和成就感的娱乐方式，所以我建议大家缩短与电子屏幕交互的时间。

另外，就是把沙发丢出你的房间，尤其是对于正在租房的单身一族来说。由于没有伴侣、只有少量朋友，所以沙发会成为你滋生堕落和忧郁的极佳场所。你一旦陷进去，就很难站起来，你会无数次地告诉自己，今天别出门、别干活了，就躺着吧。环境是会影响人的，所以建议你换个硬板凳，坐久了不舒服，自然就想要站起来。另外，久坐不是指一天坐满 8 小时，而是每次超过 90 分钟就算久坐。以我的经验来看，人只要开始看电视，短时间内就不会站起来。所以，尽量避免让自己久坐。

玩，也能玩出花样来

　　常见的娱乐项目包括玩手机、上网、闲聊、享用美食、睡懒觉、看电影等。我推荐你主动投入资源，参加一些有利于未来工作和职业发展的活动。首先你要科学选择不同类型的恢复活动，心理学家把恢复活动分为心理脱离（Psychological Detachment）、放松体验（Relaxation）、掌握体验（Mastery Experience）和控制体验（Control Experience）四类。

心理脱离是指个体身心皆与工作脱离的状态，身心远离工作才能更好地恢复。这也是建议你把工作和私人微信分开的原因。

放松体验是指从事可以提升积极情绪的低唤醒活动，如散步、听音乐、练习瑜伽冥想，这可以让紧绷的神经变得放松。此类活动还有助于培育积极情绪，抵御消极情绪的危害。

掌握体验是指有利于积累新的内部资源（如学习知识、技能、自我效能感等）的活动。例如，制定一个目标，通过相关的职业资格考试；多与朋友交往，构建积极的人际关系；学习新的知识、技能或一门语言；系统练习一项运动，如健身、骑车、游泳等。

这不仅可以将你的注意力从工作中转移出来，还可以获得掌握体验（能力感和熟悉感）。

控制体验是指个体需要能够自由安排非工作时间的活动，包括做什么、何时做以及怎么做。所以，不要在周末给自己安排非做不可的事情。爱好不一定需要每天练习，开心就练，不开心就不练。只要做到 80% 认真，你就能活得很好。

第五天 你的一天该从哪里开始

你是主人公吗

早上睡眼惺忪地起床,后悔昨天选购大衣花费了太长时间,后悔遇到"猪队友"的时候还坚持打完最后一局。这种情绪使你不得不通过玩手机发泄出来。

怎样才能过上"第二天不会后悔的生活"呢?

天下大事，必作于细。我的一天该怎样开始呢？

想太多、做太少的人比比皆是。你就别再进入这个行列了。

前面我们规划了日程安排，也思考了哪些事情要多做，哪些事情要少做。那么，具体落实到每一天该怎么办呢？下面分享三个原则。

给重要不紧急的事情留出时间

人生的事可以用两个维度来划分。一个是重要程度，另一个是紧急程度。所以，我们可以将事情分为四个象限。

- 在精力最好的时间做最重要又最紧急的事情；
- 每天安排时间做重要但不紧急的事情；
- 集中时间做紧急但不重要的事情；
- 安排别人做不紧急且不重要的事情，或者干脆不做。

人与人之间的差别不在于工作的 8 小时，而在于空闲的 8 小时，大家的成长不在于你有没有做那些紧急的事情，而在于你有没有日复一日地做需要时间积累的事情。时间就像我们的朋友，只有足够长的积累，我们才能获得这个朋友带来的好处。

能做到这一点是不容易的，因为短视是人的本能，再加上重要但不紧急的事情并没有明确的时间节点，今天不运动，明天也不会胖。所以你要意识到，重要但不紧急的事情对自己的人生助益会有多大？我认为至少 50% 的收益会来自重要但不紧急的事情，而且你只需要每天花半小时的时间，日积月累就能完成。

如果你不知道做点什么能够改变你的生活，就建议你坚持运动，并培养自己的小爱好。

具体怎么做才能保证我们落实"时间复利"的思路呢？

- 固定时间法，如每天晚上 10 点做什么。你要确保这个时段不会被打扰。
- 老习惯带新习惯法，如我习惯了每天做正念，我就在正念后立刻做听力。
- 给自己做个小日历，做完就打个卡，如果哪一天中断了，你就会觉得不舒服。记得要用纸质的日历，不要用电子版日历，因为你太容易被手机上的其他消息带偏了。

规划每日行动

规划每日行动的精髓是什么？是充分利用自己的智慧完成不同的工作吗？是把同类的事情集中起来做从而避免分心吗？是，但最重要的是拒绝。

拒绝你想要做某事的冲动，审慎考虑你要做的每一件事。这件事我必须要做吗？我可以给别人做吗？我可以之后再做吗？

当你极其精简地完成你要做的事情时，你还要准确地预估你能工作的时间。

自诩为"效率达人"的我，每天满打满算能够工作的时间也不会超过 5 小时。我每天都是按照番茄钟来计数的，每个番茄钟是 25 分钟，也就是我不会给自己安排超过 12 个番茄的任务。

按时完成任务和经常拖延，带给你的感受是截然不同的。前者会让你觉得很有成就感，后者则会让你充满挫败感。

规划任务小技巧

- 从任务列表中分离出当前任务，就是把今天要做的任务和未来要做的任务区分开。今天只关注今天要做的、能完成的任务。

- 根据期望的结果确定任务。要写清楚你做这个任务的目标是什么，内在动机在哪里，完成这个小目标对于长远的目标有什么作用。

- 化解任务，每个任务都有重点；可以在更短的时间内完成；可以独立操作，且无须按照特定顺序来做。这样可以最大化地利用时间。

- 为每个任务设置截止日期，一个大的任务下需要有个截止日期，用来帮助你在众多任务中选择完成哪个任务。确保每个截止日期都是可以实现的；思考每个截止日期被设置的理由，而不是随意设置；留给自己比想象中更少的时间，不然任务就会无限充盈自己的生活。

- 将每天的任务设置为 7 个以内，其实我觉得"2+3"的模式最合适，2 项大任务需要 4 个番茄钟完成，3 项小任务在 1 个番茄钟内就能完成。这样设置既不会太累，也不会给自己太大的心理压力。

- 按项目、类型、地点组织任务，把类似的任务集中在一起。

- 修剪多余的任务清单，删除没有具体到行动或者没有立刻要做的项目。

- 评估你需要的时间，充分考虑以往的经验以及是否需要他人协助。

- 使用精准的动词带动任务的发展，动词越具体越好。如把"联系客户"优化成"今天上午 10 点打电话或发微信联系客户"，你就会更容易着手做具体的工作。

- 需要他人协作的任务。可以写一下需要他人具体协作哪些工作，以及他的交付时间，要注意预留一些时间。

- 整理清单系统的技巧

  ○ 批任务处理清单，把类似的事情放在同一时间处理，如统一回复消息。

  ○ 不要低估不堪重负的感觉带来的消极影响，要谨慎再谨慎地选择你要开始做的事情。

第六天　给你介绍一个宝贝

你是主人公吗

一直以来，我不太愿意和回复消息太快的人深交。

我认为，回复消息太快，就意味着他随时都会被打断，没有完整的时间和精力去思考与成长；意味着他即使了解了多重任务的弊病，也无法对自己做出调整；意味着他陷入了时刻与外界有交互，没有太多和自己相处的状态中。

很多人总觉得回复消息太慢，别人会不喜欢。你看，回复消息太快，我也不喜欢。做人真的好难啊。

如果你问我，我最受益的时间管理方法是什么？我会说番茄工作法。严格意义上讲，它不只是一种时间管理方法，我更愿意将它称为生活的哲学：一次只做一件事的全心投入。

番茄工作法的原理非常简单。你设置一个 25 分钟的闹钟，选定你在这个番茄钟内要做什么事情，然后去做，时间到了就停下来，休息 5 分钟，然后开启下一个番茄钟。

为什么这么简单的方法会让我受益如此之大呢？为什么我有信心，它也会让你受益匪浅呢？因为它对抗了人性的弱点，就是容易思想漫游和畏难。番茄工作法的核心是，不管你的任务出现了哪些需要处理的紧急情况，不管这件事有多么艰难，你都要持续行动 25 分钟。

我时常感激发明这个方法的人，因为我和大多数人一样，容易焦虑、好高骛远。但我用番茄工作法 10 年来，它帮助我度过了很多至暗时刻，我变成了同事、同学眼中做事认真、严谨、高效且自律的人。很多人认为我们高估了番茄工作法的好处，也觉得只有 25 分钟，还没有开始进入状态，番茄钟就已经结束了。我在这里要为这个方法正名。只要你严格执行 25 分钟的周期（或者其他周期如 45 分钟），一按下那个按钮，你就能进入心流状态，对时间有一种近乎荒谬的感知，只要过了 25 分钟，你马上就可以休息了。

在我的生命中，极少有开了番茄钟但无法专注的时刻。当我按下番茄钟按钮的时候，我的大门好像就被关闭了，外界的嘈杂和内心的想法都不复存在，我立刻就会进入高效工作状态。

使用番茄工作法的技巧

1. 每天的第一件事就是规划今日的行动

番茄工作法的软件很多，我用了 10 年的"专注清单"。它足够简洁，又可以涵盖番茄工作法的内核。你也可以尝试各种不同的软件，看哪个开发者的开发哲学与你最为适配。谨慎而克制，专注又不放肆，是我对于这个软件的印象。

我会定 1 个每天重复的番茄钟，这个番茄钟用来做每日规划＋读书总结。我会预估我今天上午、下午、晚上分别有多少个 25 分钟可以使用。

每日规划的顺序是先做重要但不紧急的事情，再做重要又紧急的事情（特别是你回避但是很有必要立刻去做的事情）。临近中午，我会安排一个番茄钟对外交互，也就是统一处理微信、邮件以及其他零散的事情。

2. 对于番茄钟的复盘

你需要总结自己的生活和工作节奏，每天、每周以及每个月大概能够做多少个番茄钟。早上赖床、因为玩手机多花十分钟，以及上午结束工作时只能做半个番茄钟就要去吃饭了，都是不可以的。

我们的时间会在零散的安排中消逝。

你会不会在某些时候想要停掉番茄钟去干别的？会不会在某个番茄钟内做两件事？这都不可以！如果一个番茄钟结束了，你还没有做完，就需要先去休息，等下一个番茄钟再来完成。我有过很多很想快点把事情做完，利用休息的 5 分钟疯狂做事的时刻，但最终我发现，这种粗暴的工作方式只会把事情做得一塌糊涂。如果我做完了一件事，但番茄钟还没有结束，我就会加工一会儿。这样严格的要求并不是规定你在形式上要遵守什么标准，而是在培养你的耐心。

3. 利用番茄钟会学到什么

- 不玩手机。很多朋友都很惊讶，我常常会忘记带手机，这并不是一个好的习惯，因为它给我增加了很多麻烦。但对很多手机成瘾的人来说，他们很羡慕我有"放下手机"的能力。我从用番茄工作法开始，就不会在计算机上打开微信。我也会时常想到需要用手机处理某些事情，但我会等。不是等到一个番茄钟结束，而是等到整个上午或整个下午结束。除非是极其例外的情况，我才会在 4 个番茄钟结束，休息 15 分钟的时候看手机。我工作的时候是这样，学习的时候也是这样。

- 再难的事情也是一点点完成的。有些人在他的专业领域取得了非常高的成就，这些成就是他日复一日、专心致志的积累而成的。许多名人的生活都极为规律，如康德散步，邻居不用看表，只要看康德走到了哪个位置，就知道是几点。很多事情都有它的规律，不需要花费额外的时间和精力去维持秩序。虽然我的生活不像康德那么夸张，但我也会在每天中午 1 点准时睡觉，每天早上起床之后正念，每天下午 4 点去运动。

我需要守护我的秩序，因为秩序会带来安定感。

践行一次一事的人生哲学

许多人用过番茄工作法后不久便放弃了，最典型的是我的一个好朋友。在我的大力推荐之下，她用了一段时间，但是很快就放弃了，她觉得很难坚持。她无法做到一次只做一件事。我理解她的感受，她的大脑已经被驯服成了保持对各种事物的高度敏感，然后在不同的任务之间切换。

这是一种不幸。你的注意力不断地在各种事情之间切换，会严重损耗注意力。只要你还想着上一件事，你的心就处于漫游状态。更长远的影响是，你的大脑已经无法耐受"一次只做一件事"的痛苦。大脑是喜欢分心的，无法在关注周围和专注之间保持平衡。我不知道大家有没有这种体验，只有在电影院里才能静下心来看一部电影，或者才会觉得这个电影是好看的。这就是不被打扰的结果。

　　为什么说无法一次只做一件事是一种不幸呢？因为这是耐受不了痛苦的表现，我本来计划在这 25 分钟内看论文，却因为太难了，我又打开了树洞。刷完树洞后，发现 1 小时已经过去了，看论文的痛苦又加深了。

　　我们以为自己是高效的，实际上我们没有一刻活在当下，注意力都被浪费了。

　　大脑的天然倾向是漫游的，这是我们不需要训练就可以具备的能力。所以，保持专注、刻意训练专注才是最有必要的。

第七天　行动起来，彻底改变

制定目标

1. 制定唯一一个性价比最高的目标

如果你不知道自己应该从哪里做起，不妨尝试先睡个好觉、好好吃饭、运动 5 分钟、正念 10 分钟。

我们远远低估了这 4 件事对生活的积极影响。

睡不好会影响情绪，以及工作和学习效率。

吃高糖的垃圾食品，会导致血糖的波动幅度增大，人就会感到困倦。

运动会分泌快乐激素，让我们更自律、更有意志力。

练习正念能在一定程度上促使自律的脑区变大，让影响焦虑抑郁的脑区变小。

你可以从一个最失衡的领域着手改变。如果你的每个领域都不太好，就先从睡个好觉开始，因为睡得好了，你的精神状态就会变更好。

2. 要制定行为目标而非结果目标，努力行动而不强求结果

睡个好觉就是结果目标。能不能睡好并不是自己能控制的，你可能会因为焦虑、脚太冷、喝了咖啡而睡不着。但制定一个行为目标，如要在 11 点前放下手机，你是可以做到的。

3. 用 SMART 原则制定目标等于成功了一半

- S-Specific 具体的。目标足够清晰、明确。你需要形容你要达到的目标。减肥比变美更具体，跑步减肥比运动减肥更具体，早晨空腹跑步减肥比跑步减肥更具体。
- M-Measurable 可衡量的。如果你要减肥，就可以用"体重减轻 10 斤"来衡量；如果你要努力工作，就可

以用"收入提升 30%"来衡量；如果你要早起，就可以用"我要 7 点起床"来衡量。

- A-Attainable 可以实现的。制定稍微踮脚就可以实现的目标，如果目标遥不可及，你就会毫无动力。

- R-Relevant 有意义的。你需要制定你自己想做的，而不是其他人都做的目标。因为大家都考公务员，所以你去考，很快你就会怀疑自己。

- T-Time-bound 有时间节点的。你要为目标设定一个完成时间，没有期限的不叫目标，叫"等天上掉馅饼"。

激发动机

开始行动前先问问自己，你是要维持现状还是要积极改变，并在表 4-3 中填写它们分别有哪些优劣之处。

表 4-3　维持现状和积极改变的优劣

	好处	坏处
维持现状		
积极改变		

在行动的过程中，很容易出现"今天很想做、明天又躺平"的状态，这很正常，因为动机本身就是波动的。要允许自己有些变化，如果彩虹豆只有一个味道，那该多无聊。

身累的缓解方式

（1）闻花香法。把左手放在肚子上，感受你的腹部起伏。想象你眼前有一束花，去闻它的味道。

（2）478 呼吸。吸气 4 秒，屏气 7 秒，呼气 8 秒。如果感到很累，就可以缩短时间。

（3）身体放松法。脚尖像跳芭蕾舞一样立起来，同时耸肩保持 3 秒，然后快速落下，此刻你会感到压力瞬间就没了。

（4）放慢动作法。越累就会越焦虑，可以试着反其道行之，慢下来，更慢打字、更慢滑动手机屏幕、更慢走路，你会感到更放松。

（5）20-20-20 法。每隔 20 分钟远望 20 米之外的地方 20 秒，观察大家在做什么，也很有趣。

心累的缓解方式

（1）停止自我攻击。大部分的累都是源于自己觉得没做好，而且越想越累。你可以把自己想象成最好的朋友，像安慰好朋友一样安慰自己。

（2）出门看花、看草、看树。认真欣赏大自然的时候不会胡思乱想，你会被大自然慢慢治愈。

（3）肆意写作。写下任何你想倾诉的、抱怨的、不满的、害怕的、恐惧的内容。写的时候你的情绪可能会更强烈，但写完之后就会平和多了。

（4）双手搓热捂眼睛。一是可以让眼睛休息一会，二是像蒸汽眼罩一样加快眼部的血液循环，三是实现与身体的温柔连接，不要总想着如何使用身体，而是要想办法照顾身体。

（5）想象放松法。想象自己躺在一条小溪边，晒着温暖的阳光，听着溪流撞击石头的声音，看着云飘来飘去。

（6）什么都不做，放空。

10 年后你会过着什么样的生活

1. 工作

想要的：

·不想要的：

2. 生活（包括经济条件）

想要的：

不想要的：

3. 身体

年龄：

想要的：

不想要的：

4. 关系

想要的：

不想要的：

以下是我的答案，供参考。

1. 工作

想要的：能充分发挥自己的能力，同事友善，关系和谐。

不想要的：每天忙于无意义的事情。

2. 生活（包括经济条件）

想要的：体验各种运动、爱好，有几项是精通，有时间陪家人。

不想要的：可以买不起房，但一定要能租在任何想租的地方。

3. 身体

年龄：38。

想要的：依旧保持在臀围 100 厘米、腰围 70 厘米，活力满满，能睡个好觉。

不想要的：因为生活习惯的原因生病或衰老。

4. 关系

想要的：花时间在值得的人身上，做到互相尊重、启迪，有所依靠、一起玩，希望有一个孩子。

不想要的：始终不清楚自己的生活重心在哪里，为了别人委屈自己。

你现在过得如何

为了 10 年后能达成这些目标，考虑你现在花时间、精力在做的事情是否合适？

以一个月为周期，你的工作、生活、身体和关系配比是合适的吗？是否有哪个领域严重失衡。表 4-4 是我根据自身经历填写的，请你在表 4-5 中填写自己在工作、生活、身体和关系之间的配比。

表 4-4　我的工作、生活、身体和关系的配比

项目	投入的时间、精力、满意程度（满分10分）	打分的理由
工作	7	足够努力，但没有花更多的时间思考方向性的问题，做了很多无用功。对自己要求过高，这样不是太好
生活	5	过于焦虑和对自己不满，没有体验真正的自己，没有花太多时间照顾自己

（续表）

项目	投入的时间、精力、满意程度（满分10分）	打分的理由
身体	7	没生病，也挺有活力。每天花费很长时间去运动
关系	8	处于充满希望和不断进步的状态，没有回避关系，这是人生体验中很重要的一部分

表 4-5　你的工作、生活、身体和关系的配比

项目	投入的时间、精力、满意程度（满分10分）	打分的理由
工作		
生活		
身体		
关系		

如何调整你的日程

过去的已经过去了。不管你是怎样想的，你都无法掌控你的想法。你可以采取以下行动：

（1）调整睡眠；

（2）做心理咨询，北大或北师大有免费或低价的心理

咨询；

（3）运动起来，从爬楼梯开始；

（4）调整饮食；

（5）系统练习正念。

回顾你的时间安排

先仔细回顾你的时间安排（如表 4-6 所示），知道自己的

时间花在了哪里。哪些让你感到快乐，哪些让你感到不舒服。

你可以及时做出调整，而不是只觉得不快乐却没有行动。

表 4-6　一天的时间安排（模板）

时间点	事项	属于哪一类活动
6 点 ~ 8 点		
8 点 ~ 10 点		

（续表）

时间点	事项	属于哪一类活动
10 点 ~ 12 点		
12 点 ~ 14 点		
14 点 ~ 16 点		
16 点 ~ 18 点		
18 点 ~ 20 点		
20 点 ~ 22 点		
22 点 ~ 24 点		

A 类：生存类（睡觉、吃饭、洗澡、通勤等）

B 类：生活类（学习、娱乐、人际关系等）

C 类：工作类

依据我的推算，这三类的时间分配为 12 小时、6 小时、6 小时，你会比较舒心和快乐。不过没有关系，你可以先总结有多少个 A、B、C, 之后再根据你的目标做出调整。我的时间安排如表 4-7 所示。

表 4-7　我的一天时间安排

时间点	事项	属于哪一类活动
6 点 ~ 8 点	7 点起床	A 类
	洗漱、吃饭	A 类
8 点 ~ 10 点	写书	C 类
		C 类
10 点 ~ 12 点	写自媒体的稿子	C 类
	回复微信消息	B 类
12 点 ~ 14 点	吃饭	A 类
	睡觉	A 类
14 点 ~ 16 点	写工作计划	C 类
	筹划"百团大战"	C 类
16 点 ~ 18 点	健身	1.5B 类
	吃饭	0.5A 类
18 点 ~ 20 点	听组会	B 类
	听组会	B 类
20 点 ~ 22 点	听组会	B 类
	洗漱、收拾内务	A 类
22 点 ~ 24 点	睡觉	A 类
24 点 ~ 6 点	睡觉	A 类

A 类：13.5 小时

B 类：5.5 小时

C 类：5 小时

结果和我预估的差不多，最多工作 5 小时。整体来看我的工作和生活还是比较平衡的。

调整你的作息安排

不要总想着提高效率，人只要做了很多事，就会觉得累；不要总想着把难易的事情交叉或不同类型的活动交叉，虽然它有一定的好处，但始终是在消耗人的资源。

学会拒绝。拒绝一切要求你投入时间和精力的微小活动。

- 不管是买衣服或所谓的家具好物，一切从俭，不要被消费主义裹挟。想要的东西越多，你要花的钱就越多，用来赚钱的时间也就越多。
- 谨慎发展人际关系，特别是表层的、浅显的关系。在微信上加的大多数人后续都不会有联系，不如把关系相忘于江湖。

- 警惕那些看起来能帮助你成长和提升的活动。我们真正需要的是多和真实的自己相处，了解更多信息只会占据你大脑中本就不多的空间。现在大家太担心信息差了，信息差确实会带来一些区别，但也不必过于执着和强求。

你可以尝试在一周内停止购买任何东西，不刻意了解新的人和新的事，让你的生活保持在静态平衡的状态。

专注于你实现最大化收益的工作。

很多人说，搞副业才是出路。实际上，这并不是最优的选择。

首先，80% 的收益是由 20% 的工作带来的。了解自己在哪些方面是擅长的、喜欢的且愿意投入时间去精进的，就用心去做。你可能会迷茫、不安、挫败，甚至经历你以为永远都走不出来的困境。但你要相信，你爱生命，你不妥协，你不放弃，生命会以同样甚至更多的爱来回赠你。

其次，你的精力是有限的，做必要的事，其他时间都用来关注自己。你搞主业，有领导和同事的压力，你搞副业，理论上你一定会有另外一套领导和同事的压力。长期的压力会导致你的海马体萎缩，也就是你的记忆力下降。与其这样，还不如全力做好眼前的主业。

思考哪部分工作是你最有可能创造收益（创造意义）的，然后加大投入。

做那些重要不紧急的事情

做与不做重要不紧急的事情都有各自的好处和坏处，模板如表 4-8 所示。

表 4-8 做与不做重要不紧急的事情的好处和坏处

	好处	坏处
如果不做		
如果做		

以听英语听力为例，做与不做有如表 4-9 所示的好处和坏处。

表 4-9　听英语听力的好处和坏处

	好处	坏处
如果不做	不需要戴耳机，这样耳朵不会痛；不需要每天花时间做听力；不需要面对听不懂的尴尬	听力很差，不敢和外国朋友交流；看不懂国外电影，一直要看中文字幕
如果做	英语听力会变好，会更加自信地利用英语	学习过程很辛苦，听力水平不太可能得到迅速提升

回想你的时间最近被哪些事情占据

很多时候，某一类事情会占据我们最多的时间，例如，来自他人不可抗拒的请求，如权威人士、亲密好友；也来自我们的某一类想法，如我一定要把这件事做好，我不能接受不完美的存在。

可以简单回忆一下，在过去的两周，你被卷入了哪些耗费你大量时间的事情？

当你想明白之后，你觉得你想拒绝吗？不拒绝的原因又是什么呢？拒绝并不是一件容易的事情，因此你可以先从更加安全、结果更加友善的事情开始拒绝。

试着用小技巧规划一天行程

刚开始规划时会出现各种各样的问题：

- 不知道哪些事情更重要；

- 这个想做，那个也想做；

- 忍不住被手机上的各种消息打断；

- 高估了自己的效率；

- 本来要给其他人留出时间，结果由于自己拖延，导致留给其他人的时间不够。

类似种种，还能列出 100 条。

我们不需要把所有的事情都做到最好，而是要学着接纳这些意外的出现，接纳我们无法掌控所有事情的现实。慢慢地，我们会掌握更多的经验，也会更了解自己，什么时候会出错，什么时候会偷懒。

不要责怪自己，因为这些感受和体验都是你需要调整自己状态的信号。人的聪明之处就在于，会充分根据身体的反馈调整日程，达到一种既高效又平衡的状态。

规划好后，你可以在这里写下你的收获和体会。

开始使用番茄工作法

使用番茄工作法这件事并不难。你可以按照以下步骤实施：

- 下载一个时间管理 App；

- 思考你在这个番茄钟内要做的事情；

- 开启番茄钟；

- 做事；

- 结束；

- 休息 5 分钟。

你会遇到各种各样的困难，或者你会顺其自然地完成第一个番茄钟，但很难做到习惯性使用。我们不用纠结于如果做不到用番茄钟该怎么办，这些等到时候再说。

如果你不太习惯在计算机上工作，就可以买一个番茄计时器，这样你就不会被其他的通知和事情干扰了。

没有什么事情是日复一日的专心致志克服不了的。